생물은 왜 죽는가

생물은 왜 죽는가

生物はなぜ死ぬのか

고바야시 다케히코 지음
김진아 옮김

허클베리북스

시작하며

우주적인 관점에서 보면 지구에는 두 가지 물체밖에 존재하지 않습니다.

'살아 있는 물체'와 그 이외의 물체. '살아 있는 물체'는 이른바 '생물'입니다. 땅이나 공기, 물은 생물이 아닙니다. 양으로 따지자면 지구상에 생물은 아주 조금밖에 존재하지 않습니다.

생물학은 생물이 살아가는 모습, 생물들끼리의 관계, 생물의 신체 구조를 연구하는 학문입니다. 다시 말해서 생물이 '어떻게 살아가고 있는가'를 연구 대상으로 삼는다는 뜻입니다. 그러나 관점을 바꿔보면 살아 있는 것은 언젠가 죽게 됩니다. 그러므로 생물학은 죽음에 관해 연구하는 학문이라고도 볼 수 있습니다. 저처럼 인생의 절반을 지나온 '어른'은 '어째서 살아 있는가'보다도 '어째서 죽는가'에 더 관심이 갑니다.

나이를 먹을수록 체력이 젊었을 때와 같지 않다는 걸 느낍니다. 20대 때처럼 펄쩍펄쩍 뛰어다니거나 신나게 활동할 수 없습니다. 조그만 글자는 잘 안 보이고, 주름과 흰머리도 늘어납니다. 주위 사람이 세상을 떠나기라도 하면 커다란 슬픔과 함께 '내 차례가 다가오는구나'하고 불안감이 밀려들곤 합니다.

이렇듯 세월의 흐름과 함께 찾아오는 몸과 마음의 변화는 어쩔 수 없는 일인 줄은 알지만 그래도 마냥 낙관적으로 받아들이기는 힘듭니다. 젊은 시절이 문득 그리워지기도 하고 늙어가는 몸의 변화를 느끼며 한탄할 때도 있겠지요. 가까운 사람의 죽음에 직면하여 슬픔에 젖어 살 때도 있을 것입니다. 노화는 죽음을 향해 한 걸음씩 다가간다는 신호이며, 우리에게 '죽음'은 때로 절대적 공포로 다가옵니다.

그런데 여기서 문득 이런 의문이 머릿속을 스칩니다.

왜 우리는 죽어야만 하는 걸까?

생물학자인 제가 보기에 생물의 구조, 나아가 자연계의 구조는 우연이 필연이 됨으로써 존재합니다. 무슨 말이냐면 '어쩌다가 우연히 일어난 일인 줄 알았는데 나중에 돌이켜 생각해 보면 '아! 그래서 이렇게 되었구나' 하고 받아들일 수밖에 없는 것들뿐입니다. 더 자세한 내용은 이 책에서 다루겠지만, 이 지구에서 생명이 탄생한 것도 현재 수많은 생물이 존재하는 것도 그리고 죽는 것도 모두 다 마땅히 그럴 수밖에 없겠구나 하고 느껴지는 '원래'의 이유가 있습니다. 당연히 우리 인간의 죽음에도 이유가 있습니다.

이러한 생물의 신기한 수수께끼를 푸는 열쇠는 '진화가 생물을 만들었다'는 명제입니다. 지구에 존재하는 생물은 모두 진화의 결과물입니다. 왜 이런 모습인지, 왜 이런 특징이 있는지, 도대체 이 유전자는 왜 존재하는지, 그리고 왜 살아 있는지 등. 이 모든 것에는 진화를 통해 살아남은 우연과 필연의 이유가 분명히 존재합니다. 그것을 추론하고, 가능하다면 실증하는 것이 생물학의 재미라고 생각합니다.

이 책에서는 근원적인 의문이면서 어른에게 던지는 질문인 '생물은 왜 죽는가?'에 대해 여러분과 함께 생물학적인 관점에서 생각해 보고자 합니다.

'죽음'이라는 궁극적인 질문을 생각해 봄으로써 지금 우리가 살아가는 의미, 기쁨과 슬픔의 근원, 그리고 자연을 마주하는 소중함까지도 깨닫게 되리라 생각합니다. 그러면 공포의 대상으로만 보였던 '죽음'이 또 다른 의미로 다가올지도 모릅니다.

차례

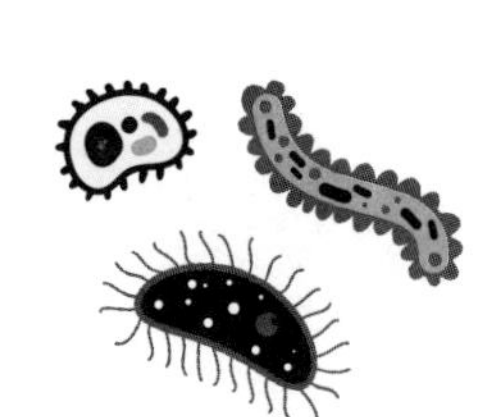

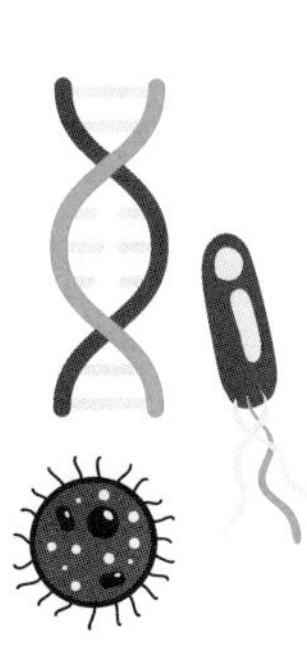

제2장 생물은 도대체 왜 멸종하는가?

제3장 생물은 도대체 어떻게 죽는가?

제4장 인간은 도대체 어떻게 죽는가?

제5장 생물은 도대체 왜 죽는가?

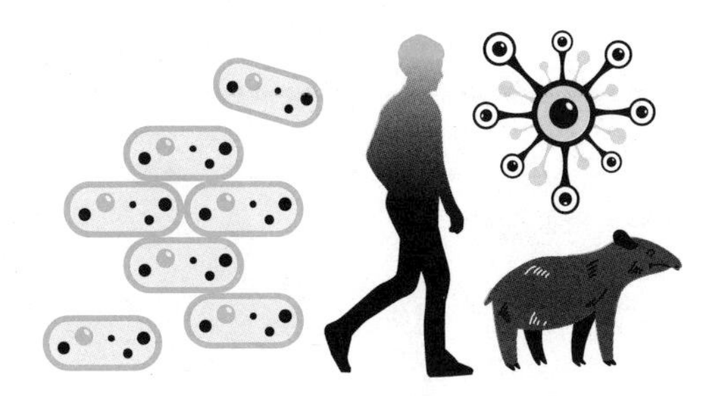

제1장

생물은 도대체 왜 탄생했는가?

천문학자가 될 걸 그랬어

천문학자가 되었으면 좋았겠다는 생각을 이따금 하곤 했습니다.

저는 싱어송라이터인 사다 마사시 씨가 지은 〈천문학자가 될 걸 그랬어〉라는 노래를 좋아합니다. 가사 내용은 이렇습니다. 한 청년 건축설계사가 있었습니다. 그는 자신이 직접 설계한 '완벽'한 신혼집에서 행복한 신혼 생활을 보내고 있다고 굳게 믿고 있었습니다. 그런데 어느 날 아내가 갑자기 집을 나가버립니다. 행복의 절정에 있던 그는 하루아침에 나락으로 떨어지고 맙니다. 그래서 현실적인 '행복의 설계'는 이제 질렸다, '꿈으로 넘쳐나는 천문학의 세계'로 도피하고 싶다는 내용입니다. 저도 모든 일에서 면밀하게 계획을 세우고 '완벽'을 추구하는 유형(?)이라서 그 건축설계사의 심정이 충분히 이해가 갑니다. 어쩌면 그에게는 가장 소중한 것, 즉 직접적인 애정 표현이 다소 부족했을지도 모르겠네요.

어쨌든 이 곡을 좋아하는 이유는 좌절이나 도피, 완벽주의에 공감하기 때문만은 아닙니다. 저는 지금 생물학자로 살고 있지만 이제까지 살아오면서 '천문학자가 되면 좋았을 걸' 하고 생각한 적이 몇 번이나 있었기 때문입니다.

제가 천문학에서 가장 부러운 점은 연구의 유용성을 크게 따지지 않는다는 것입니다. 다시 말해 어떤 일에 도움이 되는지 아닌지로 그 연구의 중요성을 판단하지 않는다는 뜻입니다. 생물학계에서는 새로운 발견을 했을 때 그 연구 결과를 보고하는 기자회견이 열리곤 합니다. 그럴 때면 어김없이 '선생님의 이번 발견은 어떤 점에 도움이 될 것 같습니까?' 하는 질문이 나오곤 합니다. 이것은 천문학 분야에서는 좀처럼 나오지 않는 질문입니다. 그럴 때면 저는 '네,

장래에는 암 치료제로 활용할 수 있을 것 같습니다'라는 식의 기사로 쓰기 좋은 답변을 하곤 합니다. 물론 거짓말은 아니지만, 실현하기가 그리 쉬운 일도 아닙니다. 사실 '아무런 도움도 되지 않을 겁니다. 하지만 이런 구조가 있다는 것도 재미있잖아요? 생명 현상을 이해하는 것이야말로 인류의 낭만이라고요!'라고 말하고 싶습니다. 그러나 안타깝게도 생물학의 성과를 그런 식으로 다른 사람에게 납득시키기는 어려울 것 같습니다. 반면에 천문학에서는 '우주를 이해하는 것이야말로 인류의 꿈입니다'라는 대답만으로도 충분하지요. 더구나 이 말 자체가 얼마나 멋집니까?

이제 꿈으로 넘쳐나는 천문학 이야기를 구체적으로 소개하고자 합니다.

저는 2013년에 영광스럽게도 이노우에 학술상을 받았습니다. 이 상은 해마다 50세 미만의 학자를 대상으로 자연과학의 각 다섯 가지 분야(수학, 화학, 물리학, 천문학, 생물학)에서 큰 성과를 거둔 인물에게 주는 상입니다. 그 수상식장에서 천문학 분야의 상을 받은 학자와 이야기를 나눌 기회가 있었습니다.

당시 제 아들은 고등학생이었는데요. 이유는 잘 모르겠지만 저처럼 생물학을 공부하려고 했습니다. 아들이 저를 특별히 존경하고 있었던 건 아닌 듯(?)합니다만 아마 아버지가 즐겁게 일하는 모습을 보고 자기도 모르게 생물학에 관심을 가진 모양입니다. 저로서는 부자가 같은 분야에서 일하는 게 왠지 부끄럽기도 하고, 솔직히 다른 분야에서 공부하길 바라는 마음도 있어서 그날 그 천문학 분야 수상자에게 이렇게 물어보았습니다.

“저희 아들에게 천문학의 매력에 대해 알려주고 싶어서 그러는데, 지금 그 분야에서 학자들이 가장 주목하는 것이 무엇인가요?”

대답은 바로 돌아왔습니다.

“TMT에 많이 주목하고 있지요.”

“TMT요?”

TMT는 Thirty Meter Telescope의 약자인데 구경口徑 그러니까 폭이 30미터나 되는 거대한 망원경입니다(그림 1-1). 2005년부터 시작된 프로젝트로서 머지않아 완성될 예정이라 많은 천문학자가 벌써 가슴을 콩닥거리며 준비하고 있

다고 합니다. 그래서 그게 뭐가 대단한 건지 다시 물어보니,

"우주의 기원, 그러니까 이 세상의 시작이 보일 가능성이 있거든요."

그분은 그렇게 대답했습니다.

"이 세상의 시작? 정말 굉장하네요! 타임머신 같아요."

[그림 1-1] **TMT의 완성 예상도**

컴퓨터 그래픽으로 만든 구경 30미터의 TMT 사진.

'이 세상의 시작'을 보는 방법

대체 그 망원경으로 어떻게 우주의 기원을 볼 수 있을지 의문을 가지는 사람도 적지 않을 것입니다. 그런 분들을 위해 조금만 해설을 해보겠습니다.

우주는 138억 년 전에 '빅뱅'이라고 불리는 대폭발로부터 시작되었다고 합니다. 그 근거 가운데 하나가 1929년 미국 천문학자 에드윈 허블이 발견한 우주의 팽창입니다.

우주에는 무수한 은하가 존재하는데, 허블이 꼼꼼한 관찰을 통해 우주의 모든 방향에서 은하가 지구로부터 멀어져가고 있음을 알아냈습니다. 이 현상은 '우주가 팽창한다'라고 밖에 설명할 수가 없습니다. 우주가 팽창하는 과정을 거슬러 올라 138억 년 전으로 가 보면 우주는 아직 새끼손가락만 한 작은 크기였습니다. 그 작은 덩어리가 대폭발을 일으켜서 우주를 형성하고 지금도 계속해서 팽창하고 있는 것이지요.

구경 30미터 망원경 TMT 이야기로 다시 돌아가면, 이 망원경은 지금까지 인류가 관찰해왔던 거리보다 더 먼 곳에 있는 천체까지 관찰할 수 있습니다. 예를 들어 우리가 10억 광년(1광년은 빛이 1년간 나아가는 거리) 떨어진 별을 지구에서 관찰할 수 있다면, 그것은 10억 년 전에 반짝인 빛을 보고 있다는 의미입니다. 다시 말해 우리는 10억 년 전 그 별의 모습을 보고 있다는 것이지요.

또 태양에서 지구까지 빛이 도달하는 데 걸리는 시간은 8분 19초이므로 지구에서 보는 태양의 모습은 8분 19초 전의 것입니다. 현재 관측할 수 있는 가장 먼 별은 2018년에 허블 우주 망원경이 포착한 이카로스로서 지구에서 90억 광년 떨어져 있습니다. 그런데 TMT로 138억 광년 전을 내다볼 수 있다는 것은 빅뱅 직전의 광경을 볼 수도 있다는 뜻입니다(그림 1-2). 이론적으로는 맞아떨어지는 이야깁니다. 그야말로 매우 낭만이 넘치는 프로젝트입니다. 제가 좀 더 젊었다면 천문학자가 되기 위해 공부했을지도 모릅니다.

하지만 여기서 이 책을 덮지 마세요. 지금부터 천문학 못지않게 재미있는 생물학 이야기를 시작하려 하니까요. 천문학자가 되지 못했던 제가 하는 말이니 틀림없습니다. 알고 보면 생물학은 천문학과 연관되어 있을 뿐만 아니라

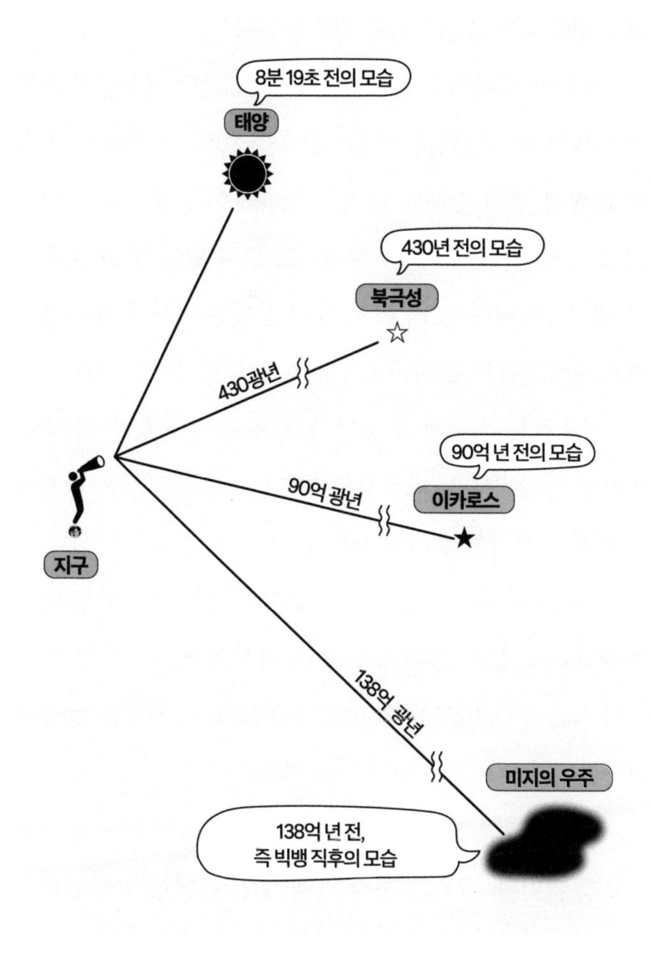

[그림 1-2] **어떻게 TMT로 우주의 시작을 볼 수 있는가**
TMT를 사용하면 138억 광년 떨어진 곳까지 관찰할 수 있다.

매우 낭만적이고 신비로운 학문입니다.

천문학 이야기를 좀 더 해 볼게요. 빅뱅 이후에도 폭발의 여파가 이어집니다. 지금으로부터 50억 년 전에는 큰 별의 폭발로 인해 잔해나 먼지가 소용돌이쳐서 중력이 가장 센 곳의 중심에는 태양이 생겨나고 그 주변에 몇 개의 혹성이 생겨났습니다. 그리고 46억 년 전에는 지구가 속한 태양계가 생성되었지요. 지금도 우주는 계속 팽창하고 있습니다.

팽창하는 우주가 무엇인지 예를 들어 설명해 볼게요. 후지산 정상에서 큰 바위를 굴리면(빅뱅), 굴러가는 과정에서 바위는 산산이 부서져 작은 돌이 되고 더 작은 모래가 됩니다(팽창하는 우주). 그리고 그것은 아직도 천천히 굴러가는 상태라고 할 수 있지요. 그렇게 서서히 퍼져 나가는 과정에서 작은 모래 입자에 낀 이끼가 바로 우리 지구의 생물에 해당합니다.

우리는 이런 장대한 에너지의 흐름 속에서 태어나 살아가고 있습니다. 그리고 우리 앞에 놓인 거대한 망원경으로 그 이끼 붙은 돌이 굴러 내려온 흔적들을 거슬러 올라가서 원래 정상에 있던 바위를 보려 하고 있습니다. 마치 동영상을 거꾸로 재생하는 것처럼 말입니다. 생명에 대한 이해와 우주 탄생의 역사는 따로 떼어놓고 생각할 수 없습니다.

생물 '씨앗'의 탄생

저는 이노우에 학술상 수상식이 끝나고 집으로 돌아가서 30미터 구경의 거대 망원경 TMT에 대해 고등학생 아들에게 알려주었습니다. 큰아들은 나름 흥미를 보이긴 했으나 낭만이 넘치는 우주 탄생 스토리는 스마트폰과 게임에 빠져있는 '액정 디스플레이 세대'의 마음을 움직이긴 어려웠던 모양입니다. 그런데 옆에서 그 얘길 듣고 있던 다섯 살짜리 둘째 아들이 바로 책장에서 우주 도감을 가지고 와서 저에게 질문 공세를 펼쳤습니다. 저는 이 아이가 앞으로도 자연의 신비에 대한 탐구심을 소중히 간직하기를 바랍니다.

그럼 이번에는 천문학에서 벗어나서 '물리학' 이야기를 해보겠습니다. 물리학은 생물학과 관련성이 아주 높은 자연과학 분야입니다. 더 자세히 말하자면 천문학, 물리학, 화학 등 생물학 이외의 모든 자연과학은 빅뱅에서 시작된 자연 현상을 연구하는 학문이어서 그 근본이 같다고 할 수 있습니다. 그러나 생물학만은 지구가 생겨나고 난 후의 현상을 연구하는 학문이기 때문에 꽤 새로운 학문이라고 할 수 있지요. 자연과학 중에서는 '젊은 피'라고나 할까요.

물리학의 기본 법칙 중에 열역학 제1 법칙 '에너지 보존의 법칙'이라는 것이 있습니다. 에너지의 형태는 변할 수 있어도 그 양은 변하지 않는다는 이론입니다. 우주의 정체에 대해 아직 밝혀진 바가 없어서 우주 전체적으로 에너지 보존 법칙이 성립되는지는 알 수 없지만, 빅뱅의 거대한 에너지가 지구를 팽창시키고 별을 만들고 태양계를 만들었다는 사실만은 틀림없겠지요.

빅뱅은 물질과 질량을 생성하는 동시에 이들의 상호작용, 즉 화학반응을 만들어냈습니다. 여기서 '화학'이 등장합니다. 그 대표적 반응이 '연소=불타다'입니다. 연소 반응은 열과 빛을 생성하고, 밤하늘에 빛나는 별들을 탄생시켰습니다. 이런 연유로 밤하늘에는 물리학과 화학 현상이 넘쳐나고 있지요.

자, 물리학과 화학이 나오고 나서 드디어 신입 학문인 '생물학'이 등장합니다. 생명이 탄생하기 이전에는 당연히 생물학이 성립할 수 없겠지요. 그런데 도대체 생물은 왜 탄생한 걸까요?

왜 지구에서 생물이 탄생했는지 지금도 그 이유를 정확히 알 수는 없습니다. 생명 탄생 순간을 실제로 본 사람도 없고, 재현 실험을 통해 인공적으로 생물을 만드는 일도 성공한 적이 없기에 상상해 볼 수밖에 없지요. 그럼 이에 대해 함께 생각해 봅시다.

지구에서 생명이 탄생한 이유로서 몇 가지 요인을 고려해 볼 수 있습니다. 저는 태양(항성, 스스로 빛을 발하는 별)과의 적당한 거리를 가장 주된 이유로 꼽고 있습니다. 물이나 생물의 재료인 유기물이 얼지 않고, 그렇다고 그걸 다 태워 버릴 정도로 너무 뜨겁지 않을 만큼의 알맞은 온도가 생명 탄생에 중요한 요인으로 작용했다고 봅니다(그림 1-3).

이러한 항성과의 적당한 거리를 전문 용어로 '해비터블 존habitable zone(생존 가능 영역)'이라고 합니다. 태양계 밖에 있으면서 해비터블 존에 자리한 혹성 중 하나가 2020년 4월

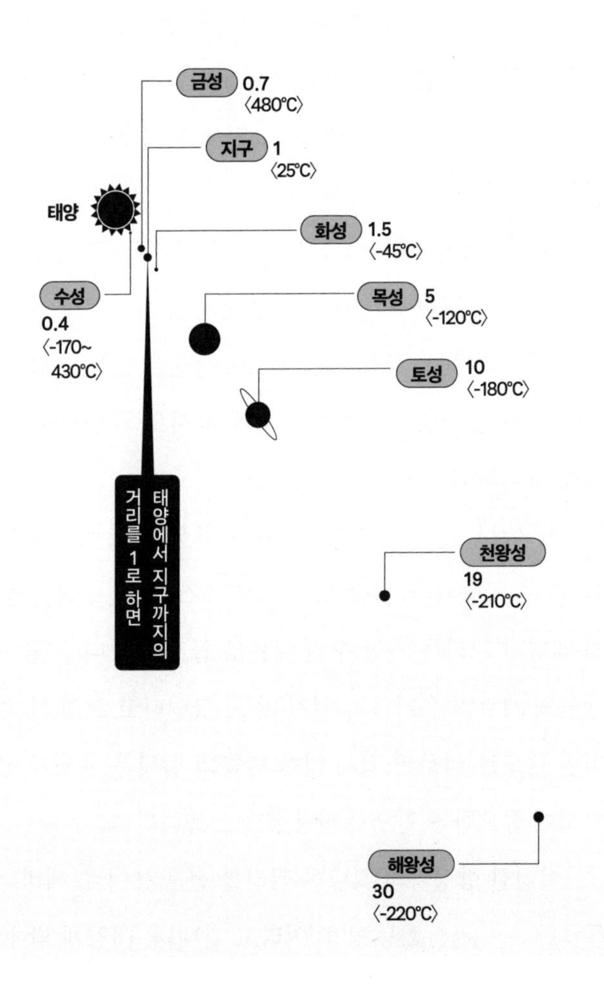

[그림 1-3] 태양계 혹성의 거리와 온도

에 NASA가 발견한 '케플러 1649c'입니다. 케플러 1649c는 지구에서 약 300광년 떨어진 항성 주변을 도는 혹성입니다. 이 혹성이 항성으로부터 받는 빛의 양은 지구가 태양으로부터 받는 양의 75% 정도인데 얼음이 아닌 액체 상태의 물이 존재할 가능성이 있습니다. 크기도 지구의 1.06배라서 중력도 적당합니다.

다만 항성과의 거리와 온도의 관계에도 예외가 있습니다. 항성에서 멀리 떨어져 있어 모든 것이 꽁꽁 얼어붙은 혹성도 그 내부에 뜨거운 열원이 있다면 부분적으로 얼음이 녹아서 생물이 생존할 수 있는 온도가 유지되는 경우가 있습니다. 그 한 가지 예가 토성 주변을 돌고 있는 위성 엔셀라두스입니다. 엔셀라두스는 얼음으로 뒤덮여 있지만, 토성 주변을 돌 때 토성의 인력으로 조수간만처럼 형태가 변합니다. 그때 암석이 서로 부딪쳐 마찰열이 발생해서 부분적으로 얼음이 녹습니다. 여기에 지열까지 더해져서 부분적으로 따뜻한 지역이 생깁니다. 어쩌면 이곳에 세균 같은 작은 생물이 존재하고 있을지도 모릅니다.

원시 지구는 지금과 상당히 다른 모습이었습니다. 갓

생성되었을 때만 해도 용암과 황산 가스 같은 것들이 분출되고, 우주에서 강한 방사선과 자외선 등이 쏟아져서 도저히 생물이 살 만한 상태가 아니었습니다.

다만 그 상태는 화학반응이 일어나는 데는 가장 적합한 조건입니다. 그 결과, 다양한 유기물이 생성되어 축적되었다고 추정됩니다. 유기물은 생물을 형성하는 데 가장 기본이 되는 물질입니다. 대표적으로 단백질의 재료인 아미노산이 있고, 핵산(DNA, RNA)의 '씨앗' 즉 원재료 역할을 하는 당과 염기가 여기에 포함됩니다. 이들 물질은 화학반응이 일어나기 좋은 장소, 즉 해저나 화산처럼 고온이면서 땅속으로부터 물질이 끊임없이 공급되는 장소에서 생겨난 것으로 보입니다.

스스로 복제하여 변혁하는 길쭉한 분자

그러나 재료가 다 준비되었다고 해도 그 상태에서 생명이 탄생하기까지는 상상하기조차 어려울 정도로 커다란 장벽이 남아 있습니다. 첫 장벽이자 가장 큰 장벽이 '자기복제' 구조입니다. 원래 생물의 정의 가운데 하나는 자신의 복사본을 만드는 존재, 즉 자손을 만드는 존재입니다. 현재 많은 생물은 알이나 정자에 포함된 유전물질 DNA가 부모에서 자손으로 이어지는 방식으로 자기복제를 하지만, 최초의 생물은 아예 유전물질 그 자체였다고 해도 좋을 정도로 단순한 존재였으리라 짐작됩니다.

지금부터 다소 세부적인 설명으로 들어가겠습니다. 생물을 이해하기 위해 알아야 할 중요한 부분이므로 조금 복잡해도 찬찬히 읽어주시기 바랍니다. 처음으로 생성된 유전물질 후보는 RNA(리보핵산)라는 단순한 구조로 된 물질입니다. 이것은 나중에 언급할 DNA(디옥시리보핵산)와 거의 같은 구조입니다. 이 둘은 모두 인산, 당, 염기 이 세 가지 분자로 구성된 뉴클레오티드라는 덩어리가 기본이 됩니다(그림 1-4). 이것들이 이어져서 끈 모양의 구조를 만듭니다.

DNA는 디옥시리보스라는 당을 사용하는 데 반해 RNA는 리보스라는 당을 사용합니다. DNA와 RNA의 차이점은 2번 탄소 C(그림의 C2′)에 수소 H가 붙어 있는지(DNA), 아

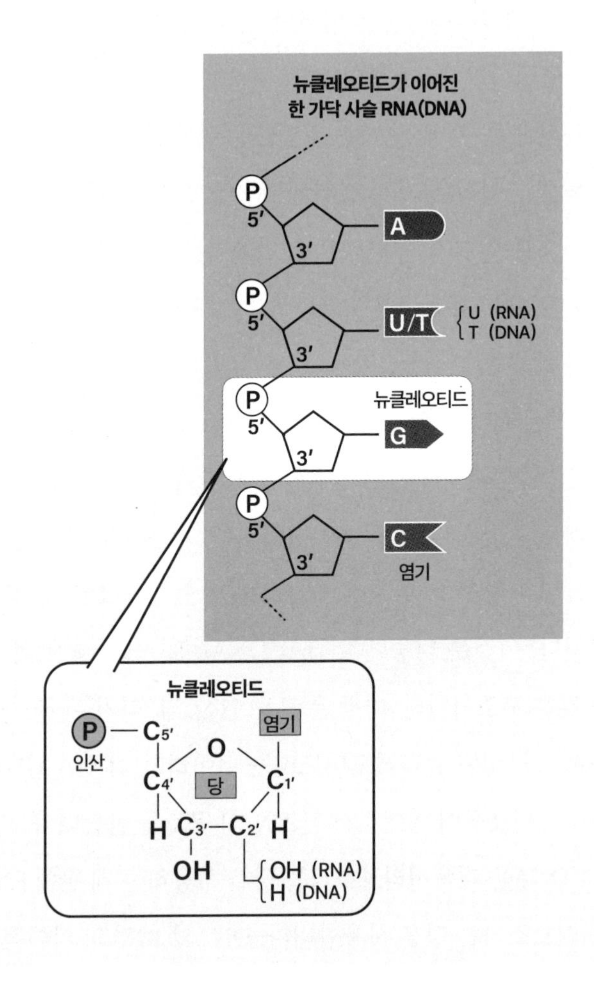

[그림 1-4] **RNA와 DNA의 구조**

니면 하이드록시기 OH가 붙어 있는지(RNA) 여부에 따라 발생합니다.

RNA를 이루는 염기는 성질이 서로 다른 네 종류(A:아데닌, G:구아닌, C:시토신, U:우라실)가 존재하기 때문에 RNA는 염기서열의 차이에 따라 무한에 가까운 종류(배열)를 만들어낼 수 있습니다. 예컨대 뉴클레오티드가 20개 늘어선 RNA가 있다고 가정한다면 4의 20승, 즉 약 1조 종류의 RNA를 만들 수 있습니다. 덧붙이자면 DNA의 염기로는 우라실(U) 대신에 티민(T)이 들어갑니다.

또한 염기인 아데닌과 우라실, 구아닌과 시토신은 서로 잘 결합하는 성질이 있어서 RNA는 마치 형틀과 주물처럼 두 가닥 사슬(상보 사슬) 구조를 만들 수도 있습니다(그림 1-5).

두 가닥 사슬은 열이나 알칼리의 영향으로 해리하여 한 가닥 사슬로 변하기 때문에 각각 주형(본보기)이 되어, 같은 염기서열을 가진 RNA 분자를 대량으로 생산할 수 있습니다. 다시 말해 '자기복제'가 가능한 것이지요. 또, RNA에는 스스로 배열 순서를 바꾸는 '자기 편집自己編集' 능력이 있음이 밝혀졌습니다. '자기 편집'이란 기다란 분자를 잘라서 다

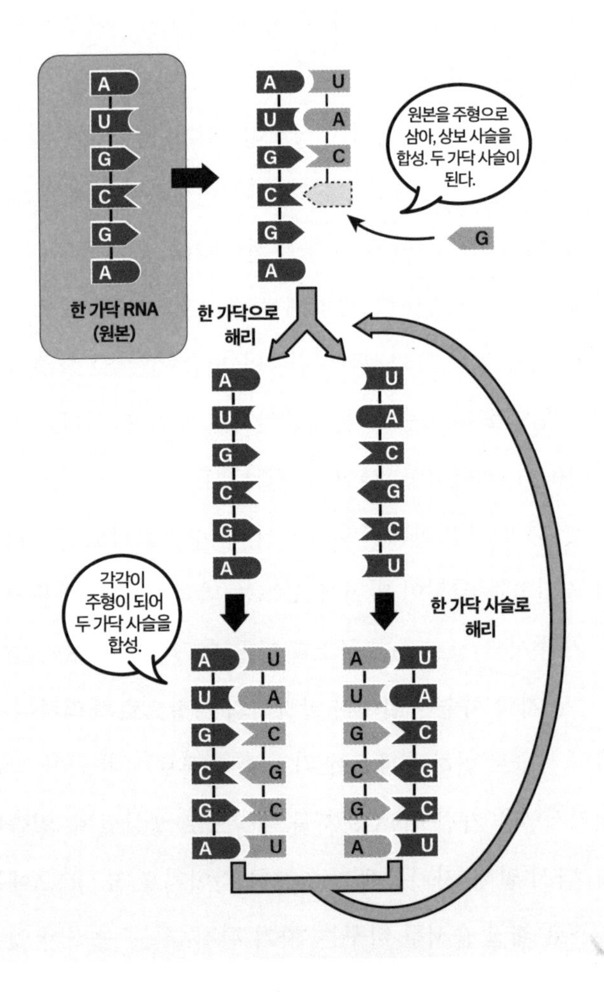

[그림 1-5] **자기복제를 하는 RNA**

른 부분과 잇는 기능입니다. 그뿐만 아니라 긴 RNA는 접혀서 부분적으로 두 가닥 사슬을 생성한 입체적이고 복잡한 구조체를 만들 수도 있지요.

이처럼 RNA는 자신과 똑같은 것을 만들어내고, 자기 편집을 통해 다양한 종류의 존재를 만들어내는 능력을 갖추고 있습니다.

그리고 '선순환'이 기적을 낳았다

여기까지는 시간만 들이면 알아서 진행되는 화학반응이지만, 이다음부터 기적적인 일이 벌어집니다. 우선, 자기복제형 RNA 분자가 만들어지면 어떻게 될까요?

상대적으로 더 증가하기 쉬운 배열이나 구조를 가진 RNA 분자가 재료를 독점하는 바람에 다른 분자가 만들어지기 어렵게 됩니다. 더욱이 자기 편집을 통해 효율적으로 증가하는 것들끼리 연결이 되면 더더욱 다른 분자들의 생성을 방해합니다. 이처럼 생산성이 더 좋은(잘 증가하는) 분자가 자원을 독차지해서 그것들만 더욱 잘 살아남을 수 있게 하는 연쇄 반응, 즉 '선순환'이 RNA를 '진화'시켜 생물이 탄생하는 기반을 만들었다고 추정됩니다(그림 1-6).

다만 이 선순환이 계속 일어나려면 항상 새로운 것을 만들어내는 안정적인 재료 공급이 필요합니다. 여기서 으뜸가는 공급원이 바로 RNA 자신입니다. RNA는 반응성이 풍부한 만큼 잘 부서지기도 하고, 만들고 나면 이내 분해되고, 분해된 RNA가 새로운 RNA의 재료가 되기 때문입니다. 이 '만들고 분해되고 다시 만들어내는 리사이클'이 이 책의 주제인 '죽음'의 의미를 이해하기 위해 알아두어야 할 가장 중요한 개념입니다. 잘 기억해 두시기 바랍니다.

무생물과 생물 사이에는……

그러나 연속된 화학반응으로 자기복제를 하는 분자만을 두고 아직 생명이라고 하긴 어렵습니다. 그저 연쇄 반응일 뿐이지요. 소금 결정이 점점 커지는 것과 별 차이 없습니다.

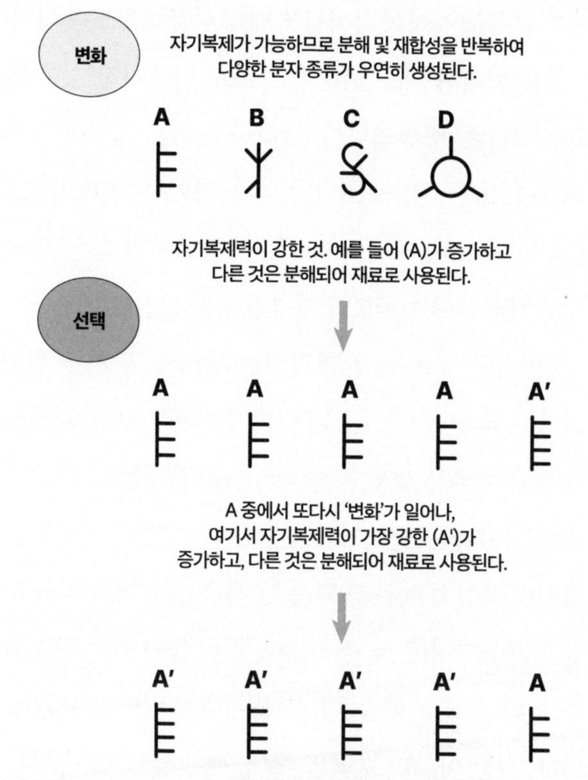

[그림 1-6] 생물 탄생의 '선순환'

그래서 여기서는 생명의 탄생에 대해 살펴보기 전에 먼저 생물과 무생물 사이의 차이점에 대해 생각해 보도록 합시다.

생물 중에서 가장 단순한 구조로 만들어진 것이 바로 세균(박테리아) 종류입니다. 그래서 세균은 지구상에서 가장 처음 나타난 생물로 추정됩니다. 크기는 몇 마이크로미터(1마이크로미터는 1/1,000밀리미터) 정도로 작지만, 지구 곳곳에서 서식하며 숫자로만 따지면 가장 많습니다.

세균의 성질은 매우 다양하며 생태계 및 지구 환경을 유지하는 데 없어서는 안 되는 존재입니다. 예를 들어 땅속의 수많은 세균은 생체 물질(유기물)을 분해할 때 나오는 에너지로 살아가는데, 이때 부산물로서 식물에 필수적인 단백질이나 핵산의 재료가 되는 인 혹은 질소 화합물 등의 무기질을 생산합니다. 또 공기 중에 많이 들어 있는 질소를 직접 이용해서 질소 화합물을 만들어내는 뛰어난 세균도 있습니다. 그뿐 아니라 우리의 체내, 예를 들어 장 속에서 사는 수많은 세균 중에서는 소화와 면역 기능을 돕는 것도 있지요.

이처럼 어디에나 있는 세균은 지구 생물들의 토대를 받

혀주는 든든한 선배와도 같다고 할 수 있습니다. 물론 세균 중에서는 인간에게 병을 일으키는 세균인 병원균도 있지만, 전체적으로 보면 그 수는 극히 일부에 지나지 않습니다.

바이러스는 세균보다 더 작습니다. 유전물질(DNA나 RNA)과 그걸 둘러싼 단백질인 캡시드(껍데기)로 구성된 물질로서 입자 크기가 수십 나노미터(1나노미터는 1/100만 밀리미터)에 불과합니다.

숙주인 세포에 기생하고 그 안에서 자기복제를 하지만 자기 혼자서는 살아갈 수 없으므로 '무생물'로 분류됩니다. 바이러스는 자기 힘만으로는 몸과 에너지를 만드는 데 필요한 '단백질'을 만들 수 없습니다. 단백질 합성은 리보솜이라는 유전정보의 '통역 장치'가 하는 일인데 바이러스는 리보솜을 갖고 있지 않기 때문입니다.

코로나바이러스를 예로 들어 설명해 보겠습니다(그림 1-7). 기존의 코로나바이러스는 감기의 원인균으로서 오랫동안 잘 알려져 왔습니다. 코로나바이러스는 직경 100나노 미터(1/1만 밀리미터) 크기의 구형球形으로, 스파이크 단백질이라고 불리는 가시가 돋아난 막에 유전물질인 RNA가 들어가 있습니다(참고로 이 막은 지방으로 되어 있고 알코올에 잘 녹기 때문에, 알코올 소독을 통해 쉽게 제거됩니다).

이것이 체내에 들어가면 스파이크가 숙주의 세포 표면에 있는 단백질(ACE2 수용체)과 결합합니다. 그러면 바이러스는 세포 속으로 침투하여 바이러스 안의 한 가닥 사슬 RNA가 나옵니다. 그 바이러스 RNA는 숙주 세포의 리보솜을 사용하여 자신을 늘리기 위한 단백질을 합성합니다. 예를 들어 숙주 세포는 RNA를 주형으로 삼아 두 가닥 사슬 RNA를 만드는 효소(RNA 의존성 RNA 합성 효소)를 가지고 있지 않기 때문에 자기가 직접 그것을 만듭니다. 신종 코로나바이러스 치료제로 쓰이는 아비간이나 렘데시비르 같은 항바이러스제는 이 효소의 활동을 방해합니다.

숙주 내에서 증가한 RNA도 숙주의 리보솜을 사용하여 자子바이러스를 만들기 위한 단백질을 합성합니다. 바이러스는 이렇게 만들어진 재료를 조합하여 세포 내에서 수백 배나 증가합니다. 그리고 숙주 세포의 분비 작용을 이용해서 세포 바깥으로 나가서 다른 세포로 침투하거나 혹은 비말 등을 통해 체외로 퍼져 나가기도 합니다.

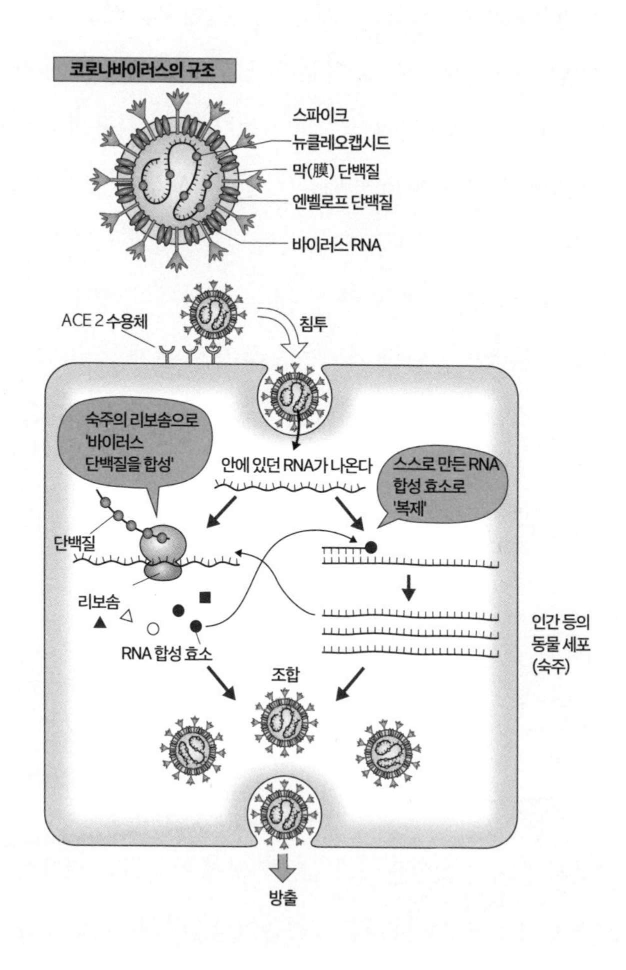

[그림 1-7] 코로나바이러스 감염의 메커니즘

바이러스는 자기를 복제한다는 면에서만 보면 '생물적' 이지만 세포 밖에서는 증식할 수 없고 에너지 소비와 생산도 하지 않는다는 점에서는 '물질적'입니다. 지구에 처음으로 나타났던 자기복제 능력을 가진 RNA 분자는 바이러스와 비슷한 물체였을지도 모릅니다.

여기까지의 내용을 한마디로 요약하자면, 생물과 무생물을 구별하는 커다란 차이는 단독으로 존재할 수 있는가 없는가, 스스로 증식할 수 있는가 없는가에 달려 있다고 할 수 있습니다.

빨리 생물이 되고 싶어!

여기서 생물의 탄생 이야기로 되돌아가 봅시다.

46억 년 전에 생긴 지구의 표면은 고온으로 인해 질척질척하게 녹아 있었습니다. 그 후, 몇억 년이라는 시간이 흐르면서 표면은 서서히 식고, 핵산이나 단백질 또는 지질脂質 같은 세포의 재료가 되는 유기물들이 타서 없어지지 않은 채로 축적되었습니다. 그 유기물 중에서 RNA와 달라붙어 자기복제를 돕거나 분해를 막는 작용을 하는 것도 나타났지요. 그리고 그런 '도우미'를 얻은 RNA가 더 잘 살아남았습니다.

RNA와 단백질이 끈적끈적한 덩어리(액적)를 만들고, 그것이 재료와 더 잘 밀착하면서 생산 효율이 좋은 일종의 자기복제 머신이 되었습니다. 오랜 시간 동안 그저 재료가 다가와 주기를 무작정 기다리던 '우연한 만남 작전'에서, 마침내 주변에서 필요한 것을 모으는 '농축 작전'으로 바뀌기에 이른 것입니다. 그 덕분에 '만든 것을 분해하고 다시 바꿔 재활용'하는 활동이 가속화되었습니다.

하지만 맨 처음에는 자기복제 머신 간에 경계도 없고, 질척질척하게 녹은 덩어리끼리 붙었다가 떨어지는 동작을 반복할 뿐이었습니다. 따라서 액적 내에서 재료가 되는 분자의 농도가 높으면 반응이 많이 일어나고 낮으면 복제 효율이 떨어지는 불안정한 상태였으리라고 짐작됩니다.

더 안정적으로 자기복제를 하기 위해서는 RNA와 단백질, 그리고 재료가 항상 함께 존재해야 합니다. 그런데 어느 순간 다양한 화학반응을 통해서 우연히 '주머니'에 둘러싸인 액적이 등장하게 되었습니다. 주머니 속이라면 더욱 안정된 환경에서 좀 더 유리하게 자기복제가 가능했을 것입니다. 소위 말해, 이번에는 '포위 작전'을 시작하게 된 것이지요.

액적은 화학반응이 일어나기 쉬운 수용성이고 그것을 둘러싼 '주머니'는 물에 잘 녹지 않는 유성油性입니다. 이때의 모습은 마치 두 개의 층으로 갈라진 세퍼레이트 드레싱을 마구 저었을 때 생기는 끈적끈적한 유액乳液 상태였을 것으로 짐작됩니다. 한정된 재료를 써서 효율적으로 자기복제를 하는 '유기물' 주머니가 서로 집합과 분산을 거듭하면서 점점 더 효율적으로 자기복제를 하는 주머니가 늘어나서 주류가 되었고, 이것이 첫 세포의 원형이 된 것으로 보입니다.

주머니에 들어간 RNA는 이윽고 스스로 아미노산을 이어 붙여서 단백질을 만드는 리보솜 같은 장치로 변모했습니다. 리보솜은 모든 생물의 세포 속에 존재하고, RNA의 배열 정보를 통해 아미노산을 연결하여 단백질을 만드는 장치입니다. 즉, 최초로 등장한 세포가 리보솜을 가지고 있었으므로 지금의 생물이 모두 가지게 된 것입니다. 리보솜은 지구상의 모든 생물이 가지고 있는 중요한 기관입니다.

생물의 필수 아이템, 리보솜

현재의 리보솜은 약 80종류의 단백질(리보솜 단백질)과 네 가닥의 rRNA(리보솜 RNA)로 이루어진 거대한 복합체입니다. 반응의 중심을 맡은 것이 RNA입니다. 리보솜 단백질은 RNA끼리 떨어지지 않도록 접착제처럼 붙어 있는데 주로 단백질 합성의 시작과 종결을 조절합니다. 거기에 유전정보를 복사한 mRNA(메신저 RNA)라는 비교적 긴 RNA 분자가 찾아옵니다. 다음에 또 다른 RNA인 tRNA(운반 RNA)가 mRNA에서 지정하는 아미노산을 가지고 오면 rRNA는 그것들을 이어붙여서 단백질을 합성합니다. 이 리보솜에 의한 단백질 합성 메커니즘이 완비되면 마침내 '세포'가 탄생하게 하지요(그림 1-8).

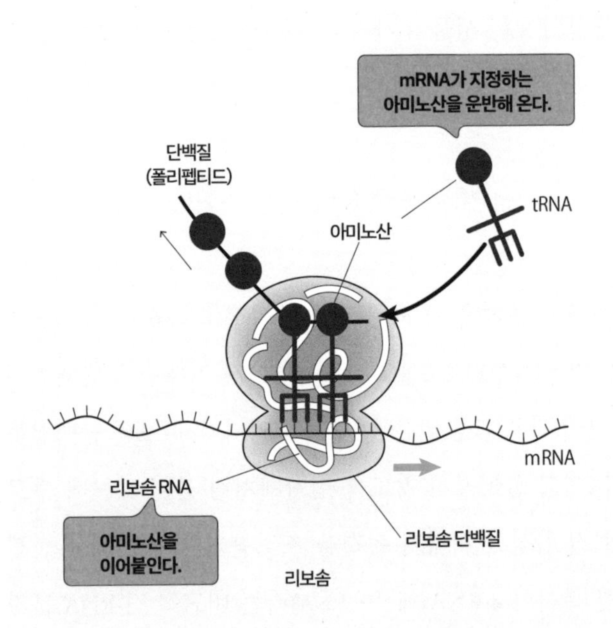

[그림 1-8] **단백질을 만드는 리보솜의 활동**
mRNA가 지정하는 아미노산을 tRNA가 가지고 오고,
그것을 rRNA가 이어붙여 단백질을 만든다.

이미 눈치채셨겠지만, 세포의 필수 아이템인 리보솜의 단백질 합성 반응에 DNA는 등장하지 않습니다. 따라서 맨 처음에는 반응성이 더 높은 RNA가 지배하던 시대가 있었다고 짐작할 수 있습니다. 생명의 역사를 되짚어보면 그 후 RNA보다 더 안정적인 DNA가 유전물질로 사용되었습니다. RNA와 DNA는 재료가 되는 당의 종류만 다를 뿐 구조적으로는 거의 같습니다.

세포가 탄생하기까지의 과정에서 정말 이렇게 운 좋은 일이 일어났을까요? 좀처럼 믿기 어려운 일이긴 하지만, 현재 지구에 생물이 존재한다는 사실, 그리고 지구상에 남아 있는 화석이나 생물의 흔적 등을 통해 추론해 보면 아마도 그랬을 가능성이 높습니다.

생명이 지구에 탄생할 확률을 다음과 같은 문장으로 표현하기도 합니다. "25미터 수영장에 완전히 분해한 손목시계의 부품들을 가라앉힌 뒤 빙글빙글 휘저었는데 자연스럽게 손목시계가 조립될 뿐만 아니라 작동할 확률과 같다." 그 정도로 낮은 확률이긴 하지만 완전히 제로는 아닙니다.

화학반응이 빈발할 가능성이 컸던 원시 지구에서 몇억

년이라는 긴 세월에 걸쳐서 극히 낮은 확률의 우연, 아니 기적이 몇 번이나 겹쳤습니다. 그리고 무엇보다도 생산성과 보존성이 높은 것만이 살아남는 '선순환'이 한정된 공간에서 항상 계속 일어남으로써 우연이 필연이 되면서 생명이 탄생한 것입니다.

생물 탄생은 지구에만 한정된 이벤트인가?

울트라맨 시리즈가 유행하던 시절에 살았던 저는 어린 시절 '내가 어른이 되기도 전에 외계인이 지구를 침략할 거야. 나중에 커서 꼭 지구방위대가 되어야지'라고 생각하곤 했습니다. 밤하늘을 올려다볼 때면 분명 '저쪽 편'에서도 다른 생물체가 이쪽을 보고 있을 것이라고 믿어 의심치 않았지요. 그런데 그로부터 50여 년이 흐른 지금까지도 외계인이 침공할 기색이 전혀 보이지 않습니다. 인류처럼 고도의 문명을 가진 생물체는 지구 외에 다른 곳에는 존재하지 않는 걸까요?

그 대답은 '아니오'입니다. 아직 만나지 못했으니 '분명히 있어!'라고 단정할 수는 없지만 반대로 그런 존재가 없다고 증명하는 일 역시 불가능하니까요. 그러므로 '존재하지 않을 리가 없어!'라고 말하는 게 가장 올바른 대답일 것입니다.

우주에는 10의 22승 개(1,000억의 1,000억 배) 이상의 항성이 있다고 추정됩니다. 넓디넓은 사막에 있는 모래알의 수만큼 많은 양입니다. 항성이란 태양처럼 불타고 있고 밤하늘에서 보이는 이른바 '별'입니다. 고온으로 불타고 있으니 그곳에 생물은 아마 없겠지요. 반면 그 주변을 도는 지구와 같은 혹성에는 생물이 있습니다. 혹성은 그 자체로는 빛을 발하지 못하기에 발견하기도 쉽지 않으며 그 수도 정확히 알 수 없습니다.

저 멀리 있는 혹성을 발견하는 방법 가운데 하나는 항성을 가로지를 때 생기는 별의 '그림자'를 포착하는 것입니다. 그러나 혹성 그림자를 지구에서 볼 수 있는 순간은 항성과 혹성, 그리고 지구가 거의 일직선상에 놓일 때뿐입니다. 궤도에 의해 좌지우지되기 때문에 발견하기도 매우 어렵지요.

하나의 항성계에 있는 혹성의 수, 예컨대 태양계의 경우는 혹성이 8개인데 이건 예외적으로 많은 편입니다. 사실은 혹성이 하나도 없는 항성이 더 많습니다. 현재까지 발견된 혹성은 4,400개 정도로 항성의 수에 비해 상당히 적은 편입니다.

외계인은 없다?!

그래도 오래전부터 지구 바깥에 존재하는 지적 생명체(외계인)를 찾는 일은 인류의 꿈이었습니다. 과학적으로 이루어진 최초의 조사는 1960년에 천문학자인 프랭크 드레이크가 수행한 오즈마 프로젝트입니다.

오즈마 프로젝트는 전파를 포착하는 전파망원경을 활용해서 지구 외 지적 생명체에 관한 조사를 시도했습니다. 지적 생명체는 전파를 통신 수단으로 사용할 가능성이 있으므로 그 신호를 포착하겠다는 의도였습니다.

드레이크의 계산(드레이크 방정식)에 따르면 은하계에는 약 1,000억 개의 항성이 있는데 그중에서 예상되는 혹성의 수, 생명이 발생할 확률, 문명이 있을 확률, 통신해 올 확률, 그 문명이 지속하는 기간 등을 가미해서 계산하면 전파를 사용할 수 있는 지적 생명체가 존재할 혹성은 은하계에 10개 정도라는 답이 산출됩니다(그림 1-9). 꽤 많지요?

다만 이 식에서 가장 논의의 여지가 큰 것은 문명이 지속되는 기간입니다. 그림1-9에서 G의 '지적 생명체가 통신을 행하는 햇수年數'에 해당하는데요. 드레이크는 1만 년이라고 예상했습니다만, 그 햇수를 지나치게 길게 잡지 않았나 하는 점에서 논란이 있습니다.

인류는 전파를 사용하기 시작한 지 100년도 채 되지 않아 두 번이나 세계대전을 일으켰습니다. 또한 엄청난 속도로 환경을 파괴했지요. 이 상태로 1만 년이나 버티기는 도저히 힘들 것입니다. 만약 인류와 비슷한 문명을 가진 지적 생명체가 1,000년 만에 멸망할 운명이라고 한다면 지금 이 시점에 은하계에 지적 생명체가 존재할만한 혹성의 숫자는 '1'이 됩니다. 이것은 은하계에 지적 생명체가 있는 별이 지구

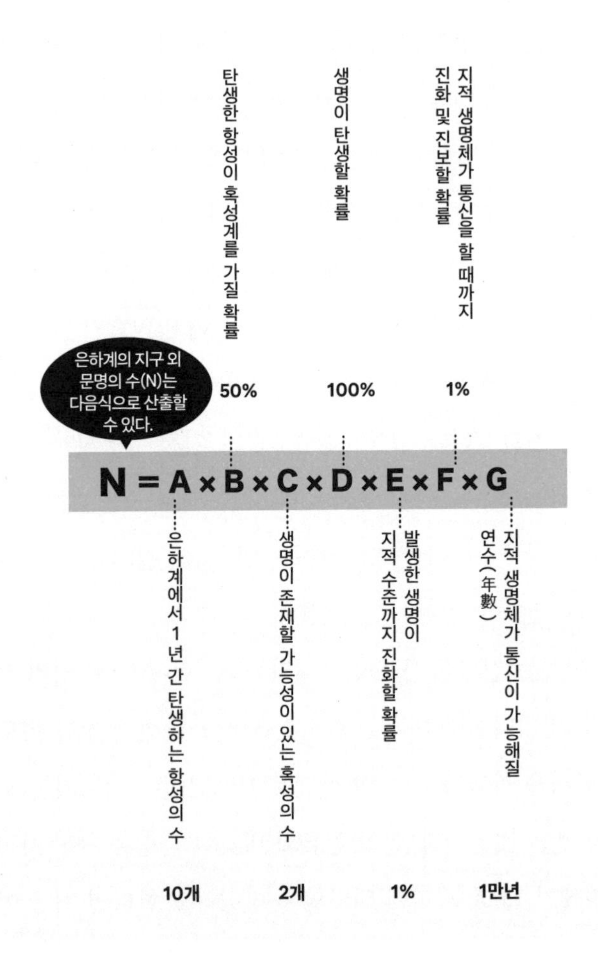

[그림 1-9] 지적 생명체가 존재하는 별의 숫자를 헤아리는 '드레이크 방정식'

말고 하나 더 있을까 말까 하는 매우 안타까운 숫자입니다.

드레이크가 살던 시대부터 지금까지 천문학은 크게 발전했지만 지적 생명체가 존재할 확률은 여전히 큰 차이가 없습니다. 다시 말해서 우리가 우리와 비슷한 외계에서 온 지적 생명체를 만날 확률은 제로에 가깝습니다. 물론 인류보다 더 과학이 발달한 외계인이 먼 미래에 지구를 방문할 가능성이 없다고는 장담할 수 없지만 그 전에 인류가 멸망할 가능성이 더 클 수도 있습니다.

지적 생명체까지는 아니더라도 세균처럼 단순한 생물이 존재할 가능성이 있는 별의 수는 좀 더 많을 것 같습니다. 은하계만 해도 생물이 살 가능성이 있는 혹성이 1,000개 정도 될 것으로 추정되고 있습니다.

최근 연구에서는 토성의 위성인 엔셀라두스에 생명이 존재할 가능성이 지적되고 있습니다. 엔셀라두스 다음으로 지구에서 가깝고 생명이 존재할 가능성이 있는 별은 태양계 밖에 있는 버나드성이라는 혹성입니다. 그렇지만 이 별은 지구에서 6광년(빛의 속도로 6년 걸리는 거리)이나 떨어져 있기 때문에 상세한 조사는 현재 인류의 과학 기술로는 불가능하다고 봅니다. 앞서 언급한 케플러 1649c도 후보 중 하나인데 그것도 무려 300광년이나 떨어진 곳에 있습니다.

따라서 지구는 지금 현재 우주의 많은 별 중에서 생물이 존재하는 매우 희귀한 '기적의 별'이라 할 수 있습니다. 그리고 지구에 이렇게 생물이 존재하는 이유는 분자가 변화하고, 더 잘 복제하는 분자가 선택되는 '선순환'에 잘 맞아떨어졌기 때문입니다.

'기적의 별'이 가진 매력

거듭된 기적들이 쌓여서 지구에 생물이 탄생하고 드디어 기적의 별이 완성되었습니다. 이 기적의 별은 얼마나 큰 '가치'가 있을까요. 객관적으로 분석해 봅시다.

외계인(에일리언)의 지구 방문은 현실적으로는 거의 일어날 수 없는 일이지만, 만약 우리 지구인처럼 외계인도 다른 생명체를 찾다가 우연히 지구를 발견했다고 가정해 봅시다. 아마 굉장히 흥분하겠지요.

그러나 그들이 꼭 인류만 주목하리라는 보장은 없습니다. 지구 환경이나 다른 생물에 더 관심이 많을지도 모릅니다. 그들은 오히려 인류를 이 기적의 별 지구가 가진 환경을 파괴하고 지구가 자기들만의 것인 양 행동하는 '깡패'로 여길 수도 있습니다. 물론 우리 인류도 악의가 있어서 그런 게 아니라 태어날 때부터 언제나 주변에 있었던 환경에 너무 익숙해진 나머지 그 '고마움'을 절실히 느끼지 못하는 것뿐이겠지요.

자, 그럼 마침내 지구를 발견한 외계인의 관점에서 '지구의 매력'이 무엇인지 생각해 보도록 합시다. 외계인의 눈에는 뉴욕의 고층 빌딩도, 기후현의 시라카와고白川鄕(외부 세계와 단절되어 일본 전통을 유지한 역사 마을로, 유네스코 세계 문화유산에 등록되어 있다 — 옮긴이)도 다 신기하고 가치 있는 것으로 비치겠지요. "여러 모양의 집들이 있는 게 참 재미있네요"하고 말할지도 모릅니다.

예술 작품은 어떨까요? 모차르트 음악 같이 인류라면 누구나 공통으로 인정할 만한 작품이 그리 많지 않고, 더구나 그중에 외계인의 취향에 맞는 작품이 있을지 어떨지는 잘 모르겠네요.

그럼 외계인이 가장 환호할 만한 지구의 매력은 무엇일까요? 저는 확신하건대 우주에서 온 손님은 지구에 있는 다양한 생물들에게 가장 큰 관심을 보일 거라 생각합니다. 다른 무기질적인 혹성과는 달리 지구에는 많은 생물이 존재하니까요. 그렇다면 지구에는 왜 이렇게 여러 가지 생물이 있는 걸까요. 식물, 동물, 눈에 보이지 않는 미생물까지 그 종류는 헤아리기 힘들 정도로 많습니다.

게다가 지구에는 이런 다양한 생물들이 적절히 공존하면서 자연 속에 잘 녹아들어 있습니다. 예를 들어, 호주의 그레이트 배리어 리프Great Barrier Reef의 거대한 산호 군락과 그곳에 무리 지어 사는 화려한 색깔의 물고기들. 아마존 정글에 서식하는 선명한 색깔의 꽃과 곤충과 새들. 구마노고도熊野古道(일본의 기이반도에 존재하는 세 개의 신사로 이어지는 순례길의 총칭. 2004년에 그 일부가 유네스코 세계문화유산으로 등록되었다 — 옮긴이)에 자리한 조용하고 중후한 숲. 어디 그뿐인가요. 섬 절벽의 좁은 구석 곳곳에 바닷새가 둥지를 틀고, 작은 연못에도 다양한 종류의 미생물들이 삽니다. 우주가 아무리 넓다고 해도 지구의 이 다양한 생물들은 대체 불가능한 가치를 가진 최고의 관광자원이겠지요. 어쩌면 우주에서 온 친절한 손님들은 이런 지구의 환경을 망가뜨리지 않도록 지구에서 아무것도 가지고 나가지 않고 어떤 것도 파괴하지 않겠다는 규칙을 만들어서 조용히 관찰만 하고 있을지도 모릅니다. 그 정도로 지구는 멋지고 귀중한 별입니다.

지구가 가진 아름다움의 비밀

그렇습니다. 이 지구가 생명의 아름다움으로 넘쳐나는 기적의 별이 된 이유는 생물의 다양성 때문입니다. 그렇다면 이 다양성의 근원에 있는 것은 무엇일까요? 이 질문은 사실 이 책의 주제이기도 한 '생물은 왜 죽는가'라는 질문과 이어집니다.

무엇이 아름답다고 느끼는지는 사람에 따라 제각각이지만 대개 보편적인 법칙이 있습니다. 한 가지 힌트를 드리자면 일본의 미적 상징 가운데 하나인 '벚꽃'을 예로 들 수 있습니다.

가장 오래된 공식 기록으로 보자면 헤이안 시대, 812년에 사가 일왕이 꽃 구경을 했다는 기술이 있습니다. 고지키古事記(고대 일본의 신화·전설 및 사적을 기술한 일본에서 가장 오래된 문헌 — 옮긴이)에도 벚꽃에 관한 기록이 있는 것으로 보아, 벚꽃은 먼 옛날부터 꾸준히 사랑받아온 것 같습니다. 일본에는 중국에서 전해져 온 문화의 하나로서 매화를 감상하는 관습이 있습니다만, 벚꽃을 애호하는 문화는 일본 고유의 것인 듯합니다. 특히 주목할만한 점이 일본인의 꽃구경 관습은 의식적儀式的인 것이 아니라 꽤 본능적이라는 사실입니다. 이는 벚꽃 철이 되면 어린아이들이 벚나무 아래서 흥분해서 뛰어다니는 모습뿐 아니라, 다 큰 어른들조차 해마다 들뜨는 모습을 보아도 알 수 있습니다.

일본에서 시작된 벚꽃놀이 문화는 해외에도 전해졌습니다. 제가 예전에 살았던 미국 워싱턴 DC의 포토맥 강가에는 1912년에 일본이 선물한 벚나무 가로수길이 있습니다. 벚꽃이 피는 시기가 되면 많은 사람이 그곳으로 벚꽃을 보러 옵니다. 벚나무 아래에서 연회를 여는 사람까지는 없지만 많은 이들이 기뻐하며 벚꽃 사진을 찍지요.

그렇다면 인간은 왜 벚꽃에 마음이 이끌리고 그렇게나 좋아하고 아름답다고 느끼는 걸까요? 생물학적으로는 다음과 같은 설명이 가능할지도 모릅니다.

한꺼번에 확 피었다가 지는 벚꽃은 '변화'의 상징입니다. 만개한 벚꽃은 '싱싱함'의 극치이자 생명의 힘으로 넘쳐납니다. 이는 벚꽃이 아닌 다른 생명체의 예로도 설명할 수 있겠지만, 어쨌든 인간은 본능적으로 새롭게 태어나는 것, 변화하는 무언가에 저절로 마음이 끌립니다.

지구는 그야말로 이 싱싱함으로 가득 차 있습니다. 모든 것이 언제나 태어나고 변하고 자꾸만 새로운 것으로 대체됩니다. 앞서 언급한 '만든 것을 분해하고 다시 바꿔 재활용'하는 이야기를 다시 머릿속으로 떠올려 보세요. 이것을 '턴 오버turn over(다시 태어남)'이라고 부르기로 합시다. 바로 이것이 이 책의 핵심 내용 중 하나입니다. 턴 오버야말로 기적의 별, 지구의 최대 매력입니다.

그리고 그 턴 오버를 지탱하는 원리는 새로 태어나는

일뿐 아니라 아름답게 지는 일 또한 포함합니다. '지는=죽는' 일이야말로 새로운 생명을 키우고 지구의 아름다움을 떠받치고 있습니다.

제2장 생물은 도대체 왜 멸종하는가?

제1장에서는 '생물은 도대체 왜 탄생했는가?'라는 질문에 대해 수많은 우연(기적)이 일어나서 더 효율적으로 증가하는 존재는 살아남고, 죽은 것은 살아남은 것들에게 영양분을 공급하는 '선순환'에 의해 생명이 탄생하였다고 대답했습니다. 그리고 거듭해서 일어난 기적의 힘으로 태어난 다양한 생물들의 존재, 그리고 그 생물들이 언제나 새로운 것으로 대체되는 '턴 오버'야말로 지구의 아름다움을 지탱하는 원리임을 알 수 있었습니다.

이러한 거듭되는 턴 오버와 다양성의 형성을 장기적인 관점에서 '진화'라고 부를 수 있습니다. 즉, 진화가 생물을 만들고 지구상의 생명들을 지탱하고 있는 것입니다. '진화가 생물을 만들었다'라는 관점은 이 책의 주제인 '생물은 왜 죽는가'라는 질문에 답하기 위한 두 번째 중요 포인트이므로 꼭 기억해 두도록 합시다.

그런데 도대체 왜 다양한 생물들이 생겨나는 걸까요? 사실은 유전자의 변화와 멸종(=죽음)에 의한 선택이 다양성이 나타난 이유입니다. 생물의 멸종과 다양성은 정반대의 현상처럼 느껴질 수 있겠지만 긴 범위로 보면 매우 밀접한 관련이 있습니다. 제2장에서는 진화라는 관점에서 생물이 멸종하는 의미에 대해 생각해 봅시다.

'변화와 선택'

제1장에서 언급했듯 처음에는 단 하나의 세포가 우연히 지구에 탄생한 것으로 보입니다. 왜 두 개의 세포가 아니라 하나였을까요? 그것은 여러 우연이 겹쳐서 간신히 생겨난 생명이기 때문입니다. 그렇기에 두 개의 세포가 독립적으로 탄생할 확률은 아득하리만큼 낮았겠지요. 더욱이 현존하는

생물들은 공통적으로 DNA를 유전물질로 삼아 단백질을 합성하는 시스템을 갖추고 있으므로 그 근원인 오리지널 세포는 하나로 추정됩니다.

그러나 맨 처음 탄생한 하나의 세포(생물) 주변에는 수많은 '시제품'에 해당하는 세포 비슷한 것들이 존재했습니다. 그런 시제품은 아깝게도 간발의 차이로 세포가 되지는 못했지만 다른 환경이었다면 어쩌면 세포가 되었을지도 모릅니다. 원시 세포는 서서히 존재 영역을 넓혀 나갔고, 그들 중에서 효율적으로 증가할 수 있는 것들만 '선택'적으로 살아남았습니다. 또한 '변화'를 일으켜서 여러 세포가 만들어지고 또다시 그중에서 효율적으로 증가하는 것만 끝까지 살아남습니다. '변화와 선택'이 끝없이 반복된 것입니다.

영양분(재료)을 획득하기 위한 쟁탈전을 피할 수 있다는 점에서 집단에서 떨어진 곳에 있던 세포가 더 살아남기 쉬웠다는 선택도 작용했을 것입니다. 각기 다른 장소에서 변화와 선택이 반복되면서 제각각의 장소에 알맞은 특징을 가진 세포가 지배력을 확보해 나갔습니다.

예를 들어 햇볕이 잘 드는 곳에서는 빛 에너지를 이용

할 수 있는 세포가 우연히 나타나서 주변 경쟁자들을 없애 버렸을지도 모릅니다. 또는 수소 가스나 금속 이온이 풍부한 곳에서는 그런 산화 에너지를 이용하여 증가할 수 있는 세포가 지배적으로 활동했겠지요. 기나긴 '변화와 선택'이 거듭된 결과 다양한 세포(생물)가 탄생했습니다. 이러한 변화는 구체적으로는 유전물질인 DNA의 변화로서 일어나는데 이를 특별히 '변이'라고 부릅니다.

자, 여기까지는 교과서에도 나오는 일반적인 생물학 지식입니다. 그런데 생물학 교과서에는 이러한 변화(변이)와 선택에 의해 일어나는 생물 다양화의 본질적인 원인에 대해서는 그다지 자세히 나와 있지 않습니다. 그렇다면 그 원인은 무엇일까요. 바로 생물이 대량으로 죽어서 사라지는 '멸종'입니다. 선택받아 살아남은 생물도 아무런 위협 없이 편히 살아가는 것은 아닙니다. 다른 생물에게 자리를 내어주고 멸종하게 됩니다.

죽은 생물은 분해되고 돌고 돌아 새로운 생물의 재료가 됩니다. 이것이 바로 이 책의 첫 번째 핵심 내용인 '턴 오버'입니다. 새로운 생물의 탄생과 동시에 오래된 생물의 죽음이 일어나고 이와 더불어 새로운 종이 생겨나는 '진화'가 가속됩니다. 말하자면, 생물계의 잔혹한 '정리 해고'가 진화의 원동력이 되는 셈이지요.

DNA와 RNA, 닮은 것들끼리 존재하는 이유

좀 더 상세하게 분자 수준까지 이야기해 봅시다. 생물 세계를 좌지우지하는 최대 법칙은 '진화'인데 그것이야말로 '변화와 선택'입니다. 이 중에서 '변화' 부분을 담당하는 것이 여러분이 잘 아는 유전물질 DNA입니다.

생물 수업 시간에 배웠던 내용을 다시 떠올려 보기 위해 살짝 복습부터 해봅시다. DNA는 제1장에서 소개한 대로(그림 1-4) 당, 염기, 인산이 끈 형태로 이어져 있는데, RNA와 거의 동일한 구조이지만 그 속에 들어 있는 당의 종류가 다릅니다. DNA는 두 가닥 사슬로 된 나선 구조가 많고 RNA보다 안정적이며 분해되기 어려운 성질을 갖고 있습니다. 반대로 RNA는 불안정한 만큼 반응성이 풍부하며, 자기복제나 자기편집이 쉽고, 다른 RNA나 단백질 등과 결합하기 쉬운 성질이 있지요.

DNA 내에서 유전정보를 가진 부분을 유전자라고 부르며, DNA가 접힌 구조를 염색체라고 부릅니다.

DNA라는 물질이 유전정보인 이유는 염기라고 불리는 화합물의 배열 순서(서열) 때문입니다. DNA의 염기에는 네 가지 종류(A:아데닌, G:구아닌, C:시토신, T:티민)가 있는데, 그들 중에서 세 가지가 하나의 아미노산을 지정합니다. 예를 들어 ATG(아데닌, 티민, 구아닌)의 서열인 경우, 메신저 RNA(mRNA)라고 불리는 RNA에 의해 AUG로 변환되어 복사되고, 그게 단백질 합성 장치인 리보솜에서 메티오닌이라는 아미노산과 결합한 운반 RNA(tRNA)를 불러들입니다. 차례로 mRNA가 지정한 아미노산이 tRNA에 의해 운반되고 이어져서 단백질이 만들어집니다(그림 2-1).

그런데 도대체 왜 DNA와 RNA라는 두 종류의 비슷한 물질이 존재하는 걸까요? 입시 준비하는 수험생의 입장으로 보면 귀찮기 이를 데 없는 개념이지만 생명 탄생의 역사에서 보면 아주 합리적인 이유가 있습니다.

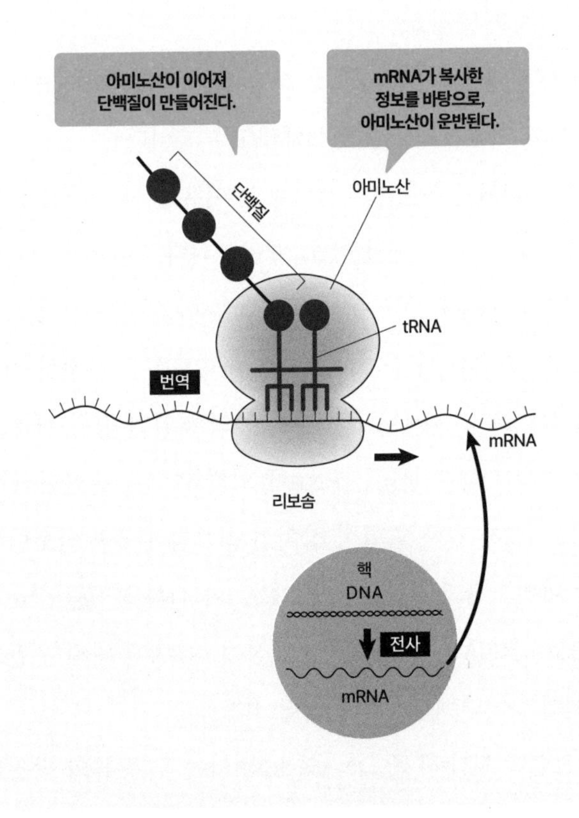

[그림 2-1] **DNA의 유전자에서 단백질이 만들어지는 과정**
세포핵 안에서 DNA의 유전정보를 mRNA가 읽어 들이는 것을
'전사轉寫'라고 하며, 그 정보가 지정하는 아미노산을 tRNA가 가지고 오면
리보솜 안에서 단백질이 합성되는 것을 '번역'이라고 한다.

처음에는 잘 무너지고 반응성이 풍부한 RNA가 유전물질로서 사용되었을 것입니다. 잘 무너진다는 것은 '다시 바꿔 만들 수 있다' 혹은 '변화하기 쉽다'라는 긍정적인 의미로 받아들일 수 있습니다. 그 무너지기 쉬운 RNA는 단백질과 결합함으로써 안정화되었을 것으로 추정됩니다. 예를 들어 앞서 나왔던 리보솜처럼 말이지요(그림 1-8, 그림 2-1).

최근에는 세포질이나 DNA를 감싸는 핵 안에 있는 '액상체'가 큰 주목을 받고 있습니다. 이 액상체는 막이 없고 모양이 일정치 않은 덩어리인데요. 이 질척질척한 덩어리는 단백질 합성에 관여하지 않는 RNA인 '비번역 RNA(Non-coding RNA)'이며 역시나 제대로 된 구조도 없이 흐물거리는 단백질로 만들어집니다. 액상체 중에서 가장 크고 그 기능이 잘 알려진 것이 바로 핵 속에 있는 액상체인 '핵소체 necleolus(인)'입니다. 이것은 핵 용적의 10% 정도를 차지하고 있습니다. 핵소체에 대해 지금 우리가 알고 있는 사실 중 하나는 핵소체가 리보솜을 조립하는 공장의 기능을 한다는 점입니다. 또 세포 내에서 미토콘드리아 표면에 붙은 액상체는 유전자의 전사를 억제하는 작용인 유전자 침묵gene silencing을 일으키는 작은 RNA(small RNA)의 생산과 관련이 있습니다. 이러한 액상체들은 RNA가 유전물질로서 세포를 장악하던 태고의 흔적일지도 모릅니다.

자, 기나긴 과정을 거쳐 드디어 RNA의 당이 변화하여 DNA가 완성되었습니다. RNA보다 DNA 쪽이 더 안정적이면서 두 가닥이 붙은 이중 나선 구조라서 더욱 긴 분자를 유지할 수 있지요. 즉, 더 많은 유전정보를 가질 수가 있습니다. 그래서 RNA 대신에 DNA가 선택되었다고 추측됩니다.

메이저 체인지에서 마이너 체인지의 시대로

DNA는 RNA에 비하면 안정적이긴 하지만 물질로서 보면 취약하기는 마찬가지입니다. 예를 들어 태양의 자외선이 닿으면, 티민(T)이 들어 있는 배열에서는 서로가 강하게 결합합니다. 그 상태로 있다가는 DNA의 복제가 거기서 멈추고 마니까요. 우주에서 날아오는 방사선은 더욱 강력해서 DNA를 썩둑 잘라버릴 만큼 위력이 있습니다.

또한 세포는 탄수화물을 태워 에너지를 만들어내는데, 그때 나오는 활성산소에 의해 DNA가 산화, 즉 '녹이 슬어' 변질되고 맙니다. 예를 들어 구아닌(G)은 두 가닥 사슬을 만들 때 시토신(C)과 짝을 이루는데 산화한 구아닌(산화 G)은 아데닌(A)과 짝을 이루게 됩니다. 다시 말해 DNA 복제가 이루어질 때 배열이 변화하고 유전정보가 변합니다(그림 2-2).

이 DNA의 취약한 성질은 생명 탄생 초기에 다양성을 만들어낸다는 관점에서 보면 긍정적인 면도 컸을 것입니다. 그러나 '선순환'이 진행되는 동시에 세포 기능이 점점 복잡해지면서 세포를 처음부터 다시 바꿔 만드는 전면적인 변경으로는 효율적인 '증식 기계'를 만들기 어려워졌습니다. 따라서 DNA도 부서진 채로나 상처가 난 채로 그대로 있을 수는 없으므로 DNA를 수리하는 구조도 만들어졌습니다. 이때 DNA의 두 가닥 사슬이라는 성질이 매우 유의미하게 작용했습니다. 한 가닥이 끊어져도 또 한 가닥의 사슬을 견본으로 삼아 원래대로 되돌릴 수 있으니까요.

시대는 격렬하게 변화하는 '완전히 갈아엎기(메이저 체인지)'의 시대에서 좋은 기능은 남겨두면서 나쁜 것은 고쳐

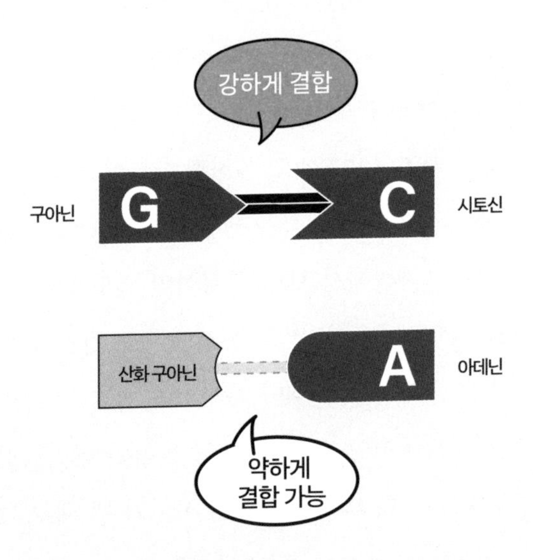

[그림 2-2] **산화한 구아닌은 아데닌과 짝을 이룬다**
원래 구아닌(G)은 시토신(C)과 짝을 이루어 결합하지만,
산화하면 아데닌(A)과 짝을 이루어 약하게 결합한다.

쓰는 마이너 체인지의 시대로 이동하게 됐습니다. 이 마이너 체인지의 시대는 지금까지도 이어지고 있습니다.

최후의 메이저 체인지,
그 첫 번째 - 진핵세포의 출현

여기까지의 이야기는 지구에 처음으로 나타났던 세균(박테리아) 같은 것들에게 일어난 일입니다. 세균은 '원핵생물'이라고 불리는데 핵이나 미토콘드리아 등 세포 내 소기관을 갖고 있지 않은 단순한 짜임새의 세포입니다. 지금도 그렇지만 그 단순함 때문에 세균의 증식 속도는 다른 생물보다 훨씬 빠릅니다. 게다가 적응력도 뛰어나서 지구 곳곳에서 생식하고 있습니다.

제1장에서도 설명했지만 지구 환경의 토대를 만들고 있는 것이 이 세균입니다. 앞에서 메이저 체인지 시대에서 마이너 체인지 시대로 옮겨갔다고 말했습니다만, 이 원핵생물에게 마지막 메이저 체인지라고 할 수 있는 두 가지 변

화가 일어났습니다. 이 두가지 변화는 DNA 복제나 리보솜에 의한 단백질 합성 같은 세포의 기본 매커니즘이 이미 완성된 지금의 '생명'이라는 범주에서 보면 작은 변화로 보이지만 당시의 원핵생물 입장에서는 상당히 큰 변화라고 할 수 있습니다.

그 첫 번째 변화가 바로 원핵생물 간의 공생에 따른 '진핵세포'의 탄생입니다. 진핵세포는 원핵세포와 달리 세포 크기가 크고, DNA가 핵 속에 들어 있고, 미토콘드리아처럼 산소 호흡을 하는 것도 있고, 어떤 것은 광합성을 하는 엽록체를 갖고 있습니다. 몇 종류의 원핵세포가 융합되어 만들어졌지요.

처음엔 여러 가지 조합이 있었겠지만, 현재까지 살아남은 것은 미토콘드리아와 엽록체가 공생하여 만들어진 조합입니다. 미토콘드리아는 원래 산소 호흡을 하는 프로테오박테리아라는 세균이었습니다(그림 2-3). 공생 후에도 독자적인 DNA를 유지합니다. 이 공생 덕분에 현재 모든 원핵세포는 미토콘드리아를 갖고 있으며 산소 호흡을 할 수 있습니다. 그야말로 세균의 힘으로 버티는 것이지요.

프로테오박테리아의 작용 ~ 20억 년 전

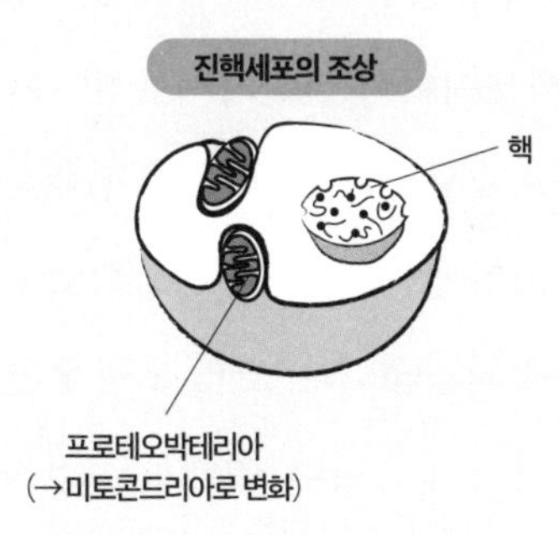

프로테오박테리의 작용~10억 년 전

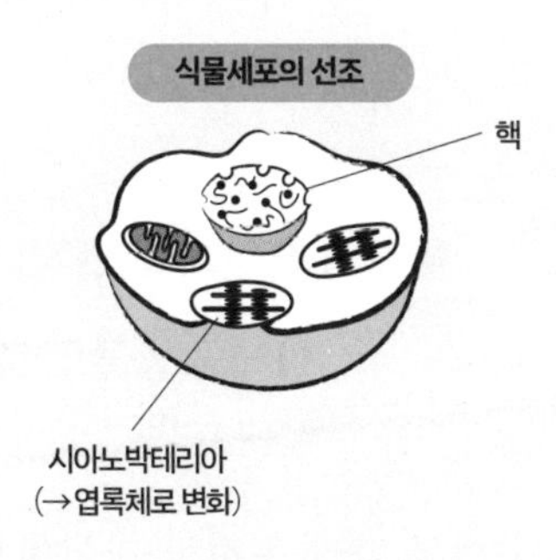

[그림 2-3] 세균의 공생에 의해 진핵세포가 만들어졌다

한편, 엽록체는 원래 광합성을 통해 산소와 영양분을 만드는 시아노박테리아라는 세균이었을 것으로 추측됩니다. 이것이 공생한 세포는 이윽고 식물 세포가 되고 이것도 시아노박테리아와 마찬가지로 빛 에너지를 통해 영양분을 생산하는 광합성 활동을 하게 됩니다. 이것들이 광합성을 하면서 대기 중에 산소가 방출되었고 자연스레 지표의 환경이 정비되었습니다. 그리고 공생한 세포의 생존 영역은 점점 넓어져 갔습니다. 여러분도 잘 아는 짚신벌레나 유글레나는 단세포의 진핵생물(원생생물)로서 지금까지 살아가고 있습니다.

최후의 메이저 체인지 그 두 번째, 다세포생물의 출현

이렇게 공생에 따라 등장한 진핵세포는 더 효율적으로 영양분을 생산할 수 있게 됐습니다. 여기서 두 번째 메이저 체인지인 '다세포화'가 발생합니다.

지구 전체 환경은 생물이 살기 쉬운 환경, 다시 말해 현재와 같은 환경에 가까워지고 있었습니다. 세포는 생활 환경의 차이에 따라 두 부류로 나뉘었을 것으로 추정됩니다. 하나는 예전과 그다지 다르지 않은 환경에 그대로 머물면서 거기서 벗어날 수 없게 된 세포들입니다. 예를 들면 현재도 해저에서 뜨거운 물이 분출하는 원시 지구와 비슷한 환경에서 생식하는 생물이 있습니다. 일반적으로 생각하자면 뭐하러 그런 뜨거운 곳에 사는가 싶지만 사실 그런 게 아닙니다. 그저 원래부터 그런 장소에 살고 있었는데 주변이 자꾸 변화함으로써 그 환경 너머로는 벗어날 수 없게 되어 태곳적 모습 그대로 존재하게 된 것이지요. 진화의 막다른 골목에 막혀 나아갈 수 없는 상태가 된 겁니다.

또 하나는 예전과 같은 환경에 머무르려는 경쟁에 참여하지 않았거나, 혹은 참여는 했으나 경쟁에서 패하여 다른 곳으로 쫓겨난 세포들입니다. 이들은 환경에 맞춰 다양한 성질을 획득하면서 살아남았습니다. 살아남았다고는 말했지만, 실제로는 그런 성공담 같은 상황이 아닙니다. 이 책에서 제가 쓰는 표현으로 말하자면 세포들이 무작위로 변화하는 가운데 어쩌다 보니 그런 환경에 남게 됐다고 하는 편이 더 정확할 것입니다.

그중 일부는 앞서 말한 것처럼 우선 공생을 통해 자신의 활로를 찾아내서 진핵세포가 되었고, 그다음에는 분열로 늘어난 세포가 그대로 덩어리(집합체)를 만들어 서로 엉겨 붙어서 살기 시작했습니다. 처음에는 단순한 덩어리였는데 점점 그 덩어리 주변이나 안쪽에 조그만 배치 차이가 생기면서 각각의 세포가 집단 속에서 나름의 역할을 가지기 시작했지요. 이것이 바로 '다세포생물'의 출발점입니다.

현존하는 생물을 통해서도 그 당시 변화상을 짐작할 수 있습니다. 클라미도모나스는 자신이 가진 엽록체를 통해서 광합성을 하는 녹색 해초의 일종으로서 편모로 물속에서 이동하는 단세포 진핵생물입니다(그림 2-4). 클라미도모나스는 한 마리(단세포)로 살고 있지만 이것과 매우 비슷한 테트라바에나는 4개의 세포가 모여 있고, 고니움은 8개 또는 16개의 세포가 젤라틴형 물질에 싸인 채로 붙어서 삽니다. 고니움이 증식할 때는 각각의 세포가 서너 번 분열해서 8개 혹은 16개의 세포가 되고, 그것이 독립해서 새로운 개

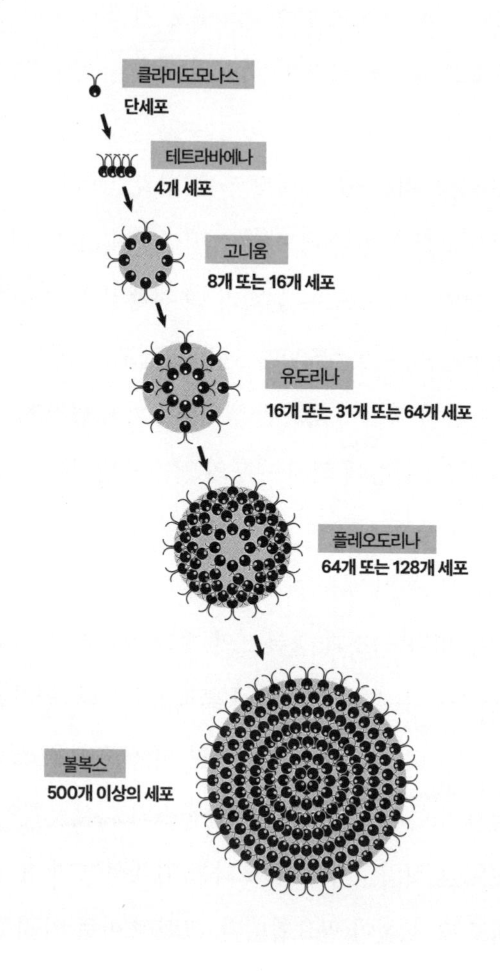

[그림 2-4] 클라미도모나스의 다세포화

체가 됩니다. 그러니까 아무 상관도 없는 세포가 모이는 게 아니라 분열로 늘어난 클론이 하나의 개체를 형성하는 것이지요.

이 고니움까지는 아직 세포 간에 명확한 역할 분담이 없습니다. 단순히 분열 후에도 서로 떨어지지 않고 사는 것처럼 보일 뿐입니다. 그러나 진화가 더 진행된 후에 등장한 것으로 보이는 볼복스는 500개 이상의 세포를 가지며, 그 내부에는 자손의 생산에 특화된 생식세포까지 등장합니다. 즉, 개체(집단)의 등장에 의해 세포의 기능이 달라지는 것입니다.

최근에 고니움의 게놈(한 생물이 지닌 모든 유전자의 배열)이 결정됨에 따라 이것과 볼복스의 게놈 차이가 해석됐습니다. 그 결과 아주 흥미로운 점이 밝혀졌습니다. 인간에게 암 억제 유전자로 작용한다고 알려진 세포 증식을 조절하는 유전자가 있는데 그 유전자가 볼복스의 다세포화에 관여하고 있었던 것입니다. 다세포화를 위해서는 개체 전체로서의 세포 수 조절이 필요합니다. 그런데 바로 이 유전자가 그 역할을 맡고 있었습니다.

'독점'에서 '공존'으로, 그리고 '양'에서 '질'로

지금 설명한 두 가지 메이저 체인지에 의해 생물은 더욱 다양해집니다. 생명 탄생으로부터 28억 년 후, 그러니까 지금으로부터 10억 년 전에 다세포생물이 탄생했습니다. 그 후 레고 블록의 블록 수가 늘어나듯 세포 수가 늘어나서 다세포생물의 다양화가 잇따라 진행되었습니다. 세포 수가 늘어난다는 일은 그저 덩어리만 많이 만들고 그치는 일이 아닙니다. 세포들의 모양이 단순한 원형부터 끈 형태, 좌우 대칭의 타원형, 해면海綿처럼 안팎이 있는 원통형 등으로 조금씩 복잡해졌습니다.

그런데 여기서 의문이 하나 생깁니다. 진화 중간 단계 생물 중에서 왜 아직도 살아 있는 것들이 있는 걸까요? 다시 말해서 왜 모든 고니움은 볼복스가 되지 못했을까요? 실러캔스는 왜 아직도 생존해 있는 걸까요? 이 책에서 제가 임의로 정한 생물 진화의 제1 법칙인 '변화와 선택' 가운데 '선택'이 어째서 완벽히 일어나지 않은 걸까요? 이것은 생물 다양화라는 측면에서 아주 중요한 문제입니다.

과거의 생물들은 대부분 멸종했지만 개중에는 우연히 '선택'받지 못하고 살아남은 것들도 있었었습니다. 이른바 진화의 막다른 길에 가로막혀 버린 것이지요. 예를 들면 실러캔스가 이에 해당합니다. 지구 환경이 안정되면서 생존 가능한 공간이 늘어나자 얼마 안 되는 영양분을 뺏고 빼앗기는 경쟁이 완화됩니다. 꼭 진화된 생물만 살아남는 게 아니라 오히려 다양한 생물들이 살아갈 수 있게 된 것이지요. 앞서 예로 들었던 것처럼, 뜨거운 물이 솟아나는 해저에서 오늘날까지 살아남아 있는 생물도 마찬가지입니다. 한 가지 생물종만 생존하는 '독점'의 세계에서 '공존'의 세계로 패러다임 전환이 일어난 것입니다.

생물의 종류가 늘어나면서 어떤 생물들은 다른 생물들에게 생활 터전을 제공하거나 혹은 먹이가 되었습니다. 그 전까지만 해도 빅뱅으로부터 지구가 탄생했을 때 생긴 에너지에 의해 유지되던 생명 활동은 점차 생물 스스로가 살아나가기 위한 에너지나 환경을 만들어내는 방식으로 바뀌었습니다. 다양한 생물의 탄생은 생물들 사이의 관계성을 강화하고, 새로운 생활 환경을 만들어 내어 더욱 많은 생물이 생존할 수 만들었습니다. 이제 '생태계'가 완성된 것이지요.

강한 빛에 적응한 식물은 태양 빛을 가려 그 그늘 밑에서 약한 빛에 적응한 식물이 자랄 수 있게 해줍니다. 또 그 아래에서는 어둡고 축축한 곳을 좋아하는 생물이 정착하지요. 나무 열매는 곤충이나 동물에게 영양분을 안겨주고 그들의 배설물은 미생물의 먹이가 되고 또 나무의 영양분으로 되돌아갑니다. 여러 생물이 공존할 수 있는 환경이 갖추어진 것이지요. 생육 환경이 어떠한가 하는 확률에 의해 멸종과 존속이 정해지던 생명 탄생 시대의 '양적' 단계에서 드디어 어떻게 해야 살아남을 수 있을까를 모색하는 '질적' 단계로 변하게 되었습니다. 오늘날 지구도 이 질적 단계가 이어지고 있습니다.

현재 지구는 역사상 최고의 대멸종 시대

사실 현재 지구는 생물의 대멸종 시대에 돌입했습니다. 우리 인간을 포함한 포유류만 보더라도 최근 수백 년 동안 80종이 멸종했습니다. 2019년 5월, 생물 다양성과 생태계 현상을 과학적으로 평가하는 국제조직 IPBES(생물다양성과학기구)가 정리한 미래 예측 보고서에 따르면, 현재 지구상에 존재한다고 추정되는 800만 종의 동식물 가운데 적어도 100만 종은 수십 년 내에 멸종할 가능성이 있습니다. 이 속도는 지금까지 지구 역사에서 가장 빠른 속도입니다.

과거 지구에는 다섯 차례 생물 대멸종이 일어났습니다(그림 2-5). 가장 최근의 대멸종은 약 6650만 년 전, 중생대 백악기 말기의 대멸종입니다. 공룡 등 생물종의 약 70%가 지구에서 사라졌습니다. 거기서 더 거슬러 올라간 고생대 말기(2억 5,100년 전)에는 무려 당시 생물의 약 95%가 멸종되었습니다. 이 두 멸종 모두 운석 충돌이나 화산 분출 등 천재지변이 원인이었다고 추측됩니다. 이와 달리 현재 진행 중인 대멸종은 안타깝게도 인류의 활동이 그 원인으로 지적됩니다. 인간이 운석 충돌 이상의 피해를 지구에 주고 있다는 뜻입니다.

예를 들어 삼림이나 갯벌의 파괴는 생물에 커다란 영

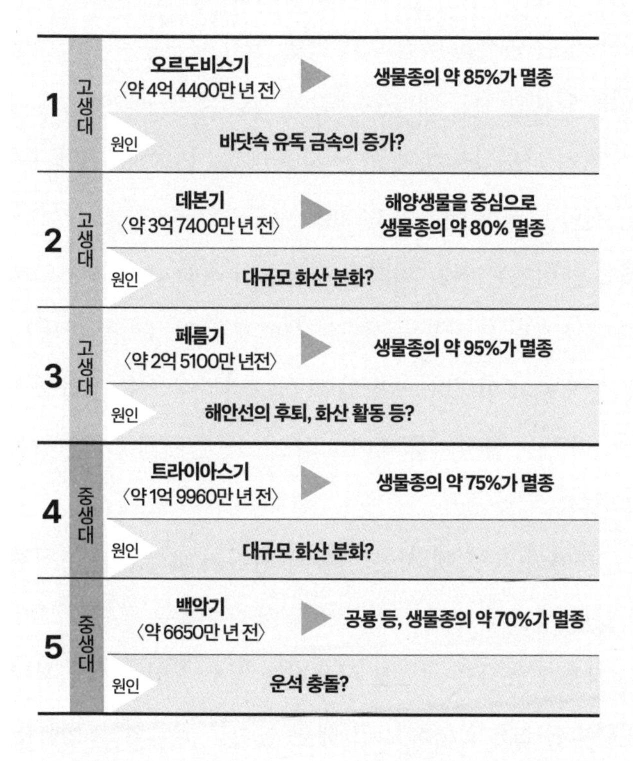

[그림 2-5] 과거 다섯 번의 대멸종

향을 줍니다. 인도차이나반도를 떠올려 보세요. 농지 개간이나 목재 사용 목적으로 자연이 훼손되면서 20세기 말 그곳의 삼림 면적은 이전 대비 절반 이하 수준으로 감소했습니다. 일본만 해도 대다수 갯벌이 매립 처리가 되어 있습니다. 특히 고도성장기 때 연안 지역 매립 사업이 이루어지면서 갯벌 면적이 예전의 약 40% 수준으로 줄어들었습니다. 갯벌을 비롯한 연안 지역은 생물종이 특히 많은 장소로서 '바다의 요람'으로 불릴 정도로 생태계 균형 유지를 위해 아주 중요한 곳입니다. 갯벌의 감소는 바다에 사는 생물들뿐 아니라 새나 물고기를 먹이로 삼는 생물들에게도 악영향을 줍니다.

갯벌의 흙 속에 사는 생물은 인간의 배설물을 포함한 다양한 생물의 배설물과 사체 등의 유기물을 분해합니다. 그 가운데 농작물 비료로 사용되는 질소나 인, 영양염류나 이산화탄소는 흡수하고 그 대신 산소를 공급함으로써 '천연 정화조'로서 매우 중요한 역할을 합니다. 따라서 갯벌 등의 환경 변화는 당연히 생물의 생존 문제와 직결됩니다. 산림이나 갯벌의 파괴는 전 지구적으로 보면 이산화탄소 배출로 인한 지구 온난화 등의 환경 악화와 마찬가지로 생물종 감소에 큰 영향을 줍니다.

여기까지는 사실 흔히 듣는 이야기입니다. 그러나 생물의 다양성이 감소하면 어떻게 되는지, 어느 정도 감소해야 큰일이 나는지에 대해서 제대로 알려진 바가 없습니다. 그 이유는 간단합니다. 이 같은 대멸종을 우리 인류가 아직 경험해 본 적이 없기 때문입니다. 심지어 연구자들까지도 무슨 일이 일어날지 잘 알지 못합니다. 여러 나라의 정치가나 기업 경영자들도 도대체 어느 정도로 위기감을 가져야 할지 모르기 때문에 정책을 입안하거나 기업 방침을 세울 때 생물종 다양성 감소 이슈를 제대로 반영할 수가 없습니다.

다양성은 대체 왜 중요한가?

그러나 자연 파괴가 지구에 미치는 영향을 묻는 질문에 '앞으로 어떻게 될지 모릅니다'라고 대답하는 일은 우리 자손에게도 우리를 키워준 지구에게도 너무나도 무책임한 일입니다. 그러므로 최대한 상상력을 발휘해서 생각해 봅시다.

앞서 생물종이 다양해지면 어떤 생물들이 다른 생물들에게 생활 터전이 되어주거나 먹이가 되기도 한다는 사실을 이야기했습니다. 다양한 종이 존재하여 생태계가 복잡해질수록 더 많은 종류의 생물이 더 잘 살아갈 수 있는 선순환이 작용합니다. 그리고 이와 같은 복잡한 생태계는 환경 변화에도 더 잘 적응하는 힘을 가지고 있습니다. 예를 들어, A라는 종이 멸종되더라도 그와 비슷한 생태적 지위niche를 가진 생물이 그 자리를 대신하므로 생태계 전체에는 큰 문제가 되지 않습니다. 멸종으로 발생하는 로스(상실)가 생태계에 흡수되기 때문입니다. 이 현상을 건전한 생태계의 버퍼 효과(완충 작용)라고 불러도 과언이 아닙니다.

그러나 대멸종의 경우에는 상황이 크게 달라집니다. 예를 들면 인간 활동의 영향으로 생물종의 10%가 멸종했다고 가정해 봅시다. 10%는 IPBES 보고서에서 제시한 수십 년 이내에 멸종될 가능성이 있는 생물종 수치의 상한선입니다. 생물종이 이 정도로 많이 급격하게 사라지면 비슷한 생태적 지위를 가진 생물이 빈자리를 채울 수 없게 됩니다.

그렇게 되면 멸종된 생물에게 의존해서 살아왔던 생물까지 멸종할지도 모릅니다. 게다가 이들에게 의존했던 또 다른 생물도 사라지겠지요. 마치 도미노처럼 순식간에 많은 생물이 지구에서 없어지게 됩니다. 이미 피해를 입어 종수가 감소했거나 버퍼 효과가 약한 생태계에서는 겨우 몇 %가 사라지는 것만으로도 이 도미노 현상이 일어날 가능성이 큽니다.

식물도 마찬가지입니다. 식물이 꽃가루를 옮기기 위해서는 곤충들이 필요한데, 이들이 사라지면 수정에 큰 타격을 받게 됩니다. 동식물이 줄어들면 그 사체를 분해해 영양분으로 삼던 땅속의 미생물도 줄어듭니다. 인류도 물론 예외는 아닙니다. 인류는 '지혜'를 무기 삼아 멸종까지는 안 가고 어떻게든 살아남겠지만 심각한 식량 부족 현상을 겪겠지요. 반대로 인간이 가진 '지혜'를 잘못 사용한다면 부족한 식량을 두고 전쟁까지 일어날지도 모릅니다. 그렇게 되면 모든 게 끝장입니다. 인류가 어떤 선택을 하든 생태계 다양성의 저하는 비참한 결과를 낳을 뿐입니다.

대멸종 뒤에 일어나는 일

물론 저는 생물학자로서도, 지구에 사는 한 인간으로서도 인류의 활동이 불러오는 다양성 저하와 그로 인한 대멸종은 반드시 막아야 한다고 생각합니다. 대멸종은 인류와 지구 모두에게 불행일 뿐입니다. 인류가 가진 뛰어난 지혜에 기대를 걸면서 저 자신도 최선을 다하고자 합니다.

하지만 이미 손쓸 수가 없는 상태가 되었는데도 아직 그것을 모르고 있을 가능성도 있으므로 앞서 말했던 최악의 대멸종 시나리오도 염두에 둘 필요가 있습니다. 실제로 환경학 연구자 중에서는 이미 때가 늦었다, 환경 파괴를 지금 당장 중지하더라도 자연 그대로의 상태로는 되돌아갈 수 없는 수준까지 와 있다며 체념한 분들도 있습니다. 그러나 저는 포기하지 말고 환경 파괴를 막기 위해 계속해서 노력해 나가야 한다고 생각합니다. 그런데 만에 하나 최악의 시나리오가 현실이 되어서 정말로 대멸종이 일어난다면 이 지구에 대체 어떤 일이 생길까요? 이에 대해서 생물학적 시각에서 잠시 생각해 봅시다. 거기에 이 책의 주제인 죽음의 의미를 깨우쳐줄 힌트가 숨겨져 있을지도 모르니까요.

앞서 말했듯 약 10억 년 전 지구에 다세포생물이 탄생한 이후 다섯 번의 대멸종이 일어났습니다. 대멸종이 일어나면 그 후에 생물상biota(정해진 지역에 분포하는 모든 생물 — 옮긴이)이 크게 변화하기 때문에 '○○기'라고 표현하는 지구사의 연대명(지질연대)이 바뀌게 됩니다. 예를 들어서 생물종의 약 95%가 멸종한 2억 5,100만 년 전인 고생대 말 페름기의 대멸종 뒤에는 대형 파충류인 공룡이 탄생하면서 '중생대'가 시작됐습니다. 중생대에는 소형 포유류, 조류도 탄생하여 현존하는 생물들의 기본형이 갖춰졌지요.

이미 설명했듯 가장 최근에 일어난 대멸종 시기는 6,650만 년 전 중생대 말 백악기입니다. 이때 생물종의 약 70%가 지구에서 사라졌지요. 이 시기에 공룡도 멸종했으므로 많이들 아실겁니다. 어디까지나 추정의 영역이긴 합니다만, 당시의 대멸종 과정을 조금 자세히 살펴보고 앞으로 우리가 나아가야 할 방향을 설정하는 데 참고로 삼아봅시다.

공룡을 비롯한 백악기에 발생한 생물들의 대멸종은 멕

시코 유카탄반도에 떨어진 거대 운석 때문에 일어났다고 알려져 있습니다. 그때의 모습은 아마 다음과 같았을 것입니다.

운석이 지구와 충돌하면서 대규모 쓰나미와 화재가 발생합니다. 지구 환경이 급격한 변화를 겪지요. 분진과 유독가스가 대량으로 발생하여 몇 개월 또는 몇 년에 걸쳐 검은 구름이 하늘을 뒤덮습니다. 기온도 내려갑니다. 내리는 비는 산성화되어 강과 바다, 대지에 사정없이 퍼붓습니다. 그 결과, 먼저 식물이 줄어들고, 많은 식량이 필요한 대형 공룡이나 곤충 등이 죽어갑니다. 그리고 온난화가 진행되어 더욱 많은 생물종이 멸종으로 내몰립니다.

그나마 살아남은 건 소형 생물입니다. 그들은 공룡의 사체 등을 먹으면서 영양분을 얻고, 몸이 작다는 이점을 활용하여 구멍에 들어가 추위와 더위를 견뎌냈습니다. 그중에서는 우리 조상에 해당하는 소형 포유류도 있었습니다. 그들에게 새로운 진화의 기회가 찾아오면서 신생대, 다시 말해 지금 우리가 살고 있는 시대가 막을 열었습니다.

멸종에 의한 새로운 단계의 시작

공룡 등이 차지하고 있던 공간 영역에 다른 생물이 시간을 들여 적응하거나 진화하면서 그 생태적 지위를 대체할 수 있게 됐습니다. 이를 전문 용어로는 '적응방산適應放散'이라고 합니다. 예를 들어, 파충류 중에서도 도마뱀 같은 소형 동물은 식량이 부족해도 비교적 잘 견뎌낼 수 있었고, 더욱 소형화되어 살아남았습니다. 또한 중생대 백악기에 파충류에서 진화한 조류는 식량 탐색 능력이 뛰어났기에 역시 생존할 수 있었습니다. 다시 말해 소형 생물은 대형 파충류가 사라지고 기후가 안정화된 후부터 오히려 살기가 더 좋아졌던 겁니다.

공룡 시대에는 몰래 숨어 살아야 했던 작은 포유동물도 기후 변화에는 비교적 잘 버텨서 살아남을 수 있었습니다. 게다가 공룡이라는 천적이 없어지자 새로운 세계에서 다양화와 대형화가 급속히 진행되기 시작했지요.

나중에 자세히 설명하겠지만 인류의 조상도 이 시기에 탄생한 것으로 보이는데, 이들은 쥐와 비슷하게 생긴 야행성 생물이었으리라 추측됩니다. 그리고 이 생물은 나무 위에서 생활했기 때문에 나뭇가지를 잡기 위해 쥐보다는 손이 컸던 것 같습니다.

포유류가 폭발적으로 늘어났으므로 곧 포유류 내에서도 경쟁이 발생하게 됩니다. 나아가 더 적합한 것만이 살아남아 증가한다는 '변화와 선택'의 법칙에 따라 순식간에 다양한 종과 모양새의 포유류가 출현하게 됩니다. 원숭이의 범주에 속하는 영장류도 나타났습니다. 다시 말해 공룡을 비롯하여 많은 생물이 죽은 덕분에 다음 단계인 포유류의 시대로 나아갈 수 있었던 것입니다. 멸종에 의한 진화가 새로운 생물을 만들어냈다고 볼 수 있지요.

이런 흐름을 고려하면 이때의 대멸종은 인류에게는 결코 나쁜 일이 아니었다는 생각마저 듭니다. 그야말로 운석 덕분이라고나 할까요. 현재진행형인 멸종의 시대가 끝나도 백악기 때와 마찬가지로 새로운 지구 환경에 적응한 새로운 종이 나타나서 지구의 새로운 질서가 성립되겠지요. 다만 앞으로 일어날 변화도 몇백만 년이나 걸리는 변화이므로 우리 인간의 자손들이 그때까지 존재할지는 전혀 알 수 없는 일입니다. 그때가 되면 멸종한 공룡처럼 인류는 아예 없을지도 모르고, 공룡에서 진화한 새가 살아남은 것처럼 주연에서 조연으로 역할이 바뀐 '예전 인류'가 지금과는 다른 생물로서 숨죽이며 살아갈지도 모르지요. 분명한 건 멸종의 연쇄가 진행되는 과정은 상당히 비극적일 거라는 사실입니다. 우리 후손들의 앞날이 걱정될 따름입니다.

인간의 조상은 과일을 좋아하는 쥐?

과거의 멸종 이야기로 다시 돌아갑시다. 6650만 년 전의 중생대까지만 해도 구석에 내몰려 있던 포유류는 공룡이 멸종한 덕분에 식량과 생활 공간을 넘치리만큼 충분히 확보할 수 있었습니다. 이제 중생대에서 신생대, 그리고 현대에 이르기까지 인간 조상들의 흥망성쇠를 돌이켜보면서 앞으로 우리의 운명을 좀 더 자세히 예측해 보도록 합시다.

지금부터 소개할 내용은 기본적으로 화석 연구 분야의 추정을 바탕으로 하고 있습니다. 여기서 소개할 내용 말고도 여러 가지 설이 있지만, 대체로 이렇게 현대인이 등장하지 않았을까 하고 추정되고 있습니다.

첫 시작은 오늘날에도 동남아시아에서 서식하고 있는 투파이아(그림 2-6)처럼 쥐와 닮은 작은 야행성 포유류였습니다. 쥐와 다른 점이 있다면 몸 크기에 비해 뇌와 앞다리가 크다는 것이었습니다. 곤충이나 나뭇잎을 먹으며 적의 위협을 걱정할 필요가 없는 나무 위에서 생활했지요.

투파이아는 나무 위에서도 어느 정도 대형화가 됐고,

[그림 2-6] **인류의 먼 조상? 투파이아**

공룡이 사라진 신생대에서는 야행성일 필요가 없어졌기 때문에 주행성이 됐습니다. 이들에게 주행성은 색이 선명한 과일을 보다 쉽게 찾을 수 있도록 도와주고 행동 범위도 넓힐 수 있도록 해주었기 때문에 야행성보다 더 적합했던 것이지요. 즉, 어쩌다 주행성을 가진 투파이아가 나타났고, 진화 과정에서 그 개체가 선택되어 자손을 많이 남기게 됐습니다. 이 시기 영장류의 조상은 과일을 많이 얻을 수 있게 되면서 체내에 비타민C를 만드는 유전자를 우연히 잃고 말았습니다. 과일에서 비타민C를 많이 섭취할 수 있게 되자 체내에서 만들 필요가 없어진 것이지요. 이것은 당시에 특별히 문제가 되지 않았습니다.

한편 눈의 색각과 관련한 유전자는 하나 늘어났습니다. 야행성 시대에는 두 가지 색각(붉은색, 푸른색)과 관련한 유전자뿐이었지만 붉은색을 인식하는 유전자(L유전자)가 유전자 증폭(같은 유전자가 여러 번 복제되는 현상)에 의해 두 개로 증가했고(그림 2-7), 늘어난 한 개가 변이를 일으켜 전체의 4%가 변화하여 녹색 파장에 반응하는 유전자로 변모했습니다.그렇게 색각 능력이 향상되면서 과일을 더욱 잘 발견

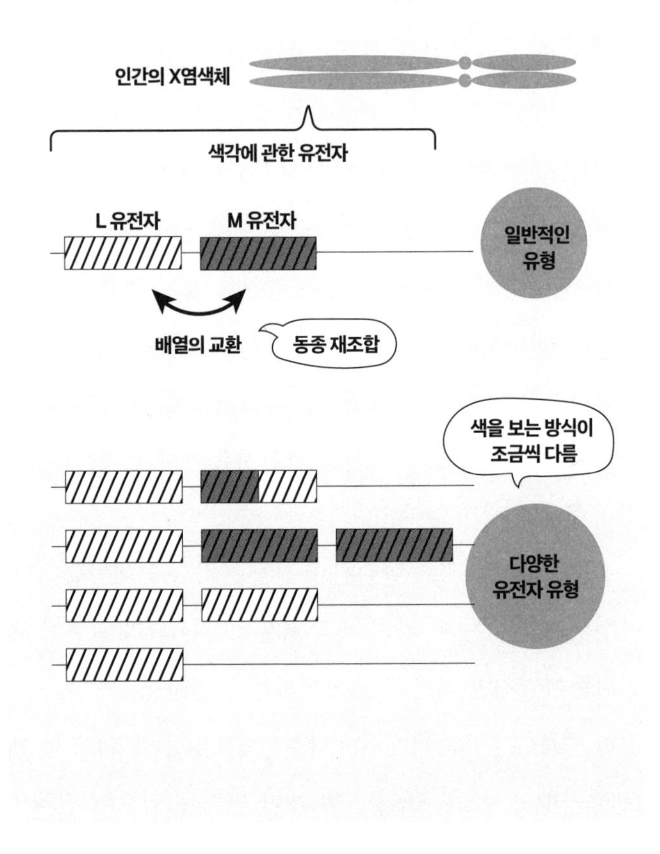

[그림 2-7] **색각 유전자는 변화하기 쉽다**
붉은색을 인식하는 L유전자와 녹색을 인식하는 M유전자는 같이 붙어 있고 서로 비슷해서 상동 재조합이 일어나기 쉽다.

할 수 있게 됐을 것입니다. 실제로는 유전자 증폭도 변이도 더 많은 변화가 있었지만, 결국에는 이처럼 녹색에 반응하는 유전자가 되었습니다. 이처럼 신체 변화는 우선 DNA에서 일어납니다.

여기서 잠시 인간이 가진 '색각의 다양성'에 대해 설명해 보고자 합니다. 그림 2-7의 상단 그림은 붉은색과 녹색을 인식하는 두 유전자가 나란히 선 모습을 나타냅니다. 이처럼 서로 매우 비슷한 유전자끼리는 그 사이에서 '상동 재조합'이라는 배열 변환이 일어납니다. 상동 재조합이란 원래 손상된 DNA를 복구하기 위한 기능입니다. 예를 들어 DNA가 방사선 등에 의해 절단되면 그것을 원래대로 되돌리기 위해 잘린 부분과 서로 같은(상동한) DNA 배열을 찾아내, 그걸 복사하여 원래 배열을 부활시킵니다. 동일한 배열이 없는 경우에는 비슷한 배열을 복사합니다. 그래서 이 붉은색(L유전자)과 녹색(M유전자) 사이에서는 재조합에 의한 배열 교환이 일어나기 쉬운 것입니다.

예를 들어서 양쪽 모두 L유전자가 되거나 아니면 DNA 복제가 끝나서 두 가닥이 된 자매염색분체 사이에서 뒤틀려 재조합되어 M유전자가 사라질 경우도 있습니다. 그렇게 되면 붉은색과 녹색을 구별하기는 어렵지만, 그만큼 명암 구분을 확실히 할 수 있게 되어 어두운 곳에서 더 잘 보인다는 이점도 있습니다. 아니면 M유전자가 더욱 변화하여 더 상세하게 색을 구분할 수 있게 될지도 모릅니다. 이런 차이를 '색각의 다양성'이라고 할 수 있습니다. 인간이 보는 색은 참으로 여러 가지입니다. 색채가 풍부한 그림을 그리는 사람은 실제로 그렇게 눈에 보이는 것일지도 모르지요.

멸종이 가져온 선물

원래 이야기로 되돌아가 봅시다. 이와 같은 변화와 선택에 의한 진화는 나중에 현대의 연구자들이 추측한 내용입니다. 실제로는 그렇게 간단한 일이 아닙니다. 아무리 짧아도 수십만 년, 영장류의 조상인 소형 포유류가 세대교체 하는데 걸리는 시간을 5년이라고 가정한다면, 수만 세대를 내려오면서 수많은 개체가 태어나 죽기를 거듭하고서야 겨우 이루어낸 변화입니다.

주행성 영장류들은 긴 시간의 변화를 거쳐 매우 세밀한 색각을 얻게 된 후에 갈림길에 서게 됩니다. 하나는 그대로 나무 위에서 생활하며 숲의 왕으로 군림하는 길. 또 하나는 지상으로 내려가는 길입니다. 이 선택에는 지리적인 조건이 크게 영향을 끼쳤을 거라 봅니다.

영장류는 아프리카에서 탄생한 것으로 보이는데, 크게 두 가지 그룹으로 나뉘어 진화했습니다. 당시 아프리카와 남미는 지금보다도 훨씬 가까운 거리에 있었습니다. 현재 남미의 아마존 유역으로 옮겨간 영장류 그룹은 밀림 속에서 진화했지만, 여전히 나무 위라는 격리된 공간에서 생활한다는 점에서 큰 변화는 없었습니다.

반면에 아프리카에 남은 영장류는 전지구적인 기후 변화, 사막 확대에 따른 밀림 감소로 인해 나무에서 내려올 수밖에 없었습니다. 그러나 그것도 간단한 일은 아니었습니다. 지상에는 육식 동물이 우글거렸고, 나무에서 내려온 원숭이는 좋은 먹잇감이 됐습니다. 멸종하더라도 이상하지 않을 정도로 큰 위기가 찾아왔던 것이지요.

그러나 운 좋게 여기서도 다양성 덕분에 발이 빠르고 도망도 잘 치는 '영리한 원숭이'가 다소 살아남게 됐습니다. 이 '방심하면 공격당하는 상태'가 몇백 년 이어지는 동안에도 살아남은 개체가 인간으로 진화했던 것입니다.

이렇게 결과부터 시작해서 거꾸로 과거의 일로 거슬러 올라가서 바라보면 마치 별것 아닌 것처럼 보이지만 사실은 끔찍한 이야기입니다. 다양성을 획득했다고 말은 쉽게 했지만 실제로는 대부분의 개체가 죽었고 그 많은 죽음 덕택에 서서히 변화할 수 있었습니다. 간단히 말하자면 다양한 개체들이 다양한 집단을 만들고 그중에 대부분 집단이 멸종했는데 어쩌다 겨우 살아남은 집단이 있었다는 이야기입니다.

그리고 그 환경을 기반으로 또다시 새로운 생물의 다양성이 생겨나게 됩니다. 이 '다양성과 멸종'의 관계, 다시 말해 '변화와 선택'이라는 사이클 덕분에 우리 인류를 포함한 현존 생물들이 결과적으로 태어나고 존재할 수 있었던 것입니다. 이것이 바로 '턴 오버'에 버금가는 이 책의 두 번째 포인트인 '진화가 생물을 만들었다'라는 주제입니다. 생물을 만들어낸 진화는 사실 '멸종과 죽음'이 가져온 것이라고 할 수 있습니다.

제3장

생물은 도대체 어떻게 죽는가?

여기까지의 이야기를 일단 정리해 보자면, 이 책 제목인 '생물은 왜 죽는가'라는 질문에 대답하기 위해서는 생물을 '진화의 산물'로 파악하는 일이 매우 중요함을 말했습니다. 또 앞서 저는 생명이 탄생하고 생물이 다양성을 획득하는 데 개체의 죽음과 종의 멸종 등 '죽음'이 얼마나 중요한 요인이었는지 설명하였습니다. 즉, '죽음'도 진화가 만든 생물 시스템의 일부라고요.

나를 만든 건 부모, 부모를 만든 건 또 그 부모…… 이렇게 쭉 거슬러 올라가다 보면 결국 마지막에는 지구에서 탄생한 최초의 세포에 도달하게 됩니다. '진화가 생물을 만들었다'라는 명제는 결과(현재)로부터 원인(과거)을 찾아가는 사고방식으로 보면 일종의 성공담처럼 보입니다. 그러나 실제로 생물은 목적이 있어서 진화한 것이 아닙니다. 다양한 '종種의 집단'이 있었고 그 집단 대부분이 멸종한 덕분에 어쩌다 살아남은 '생존자'가 진화라는 형태로 남게 되었을 뿐입니다.

그러면 현재 살아남은 생물은 도대체 '어떻게' 죽을까요. 제3장에서는 이 책의 주제인 생물이 '왜' 죽는가 하는 의문에 대한 해답에 다가가기 위해 진화의 본질인 생물의 선택으로서의 '죽음' 자체 그리고 생물마다 서로 다른 죽음의 방식에 대해 고찰해 봅시다.

'잡아먹히는 죽음'이라는 방식

생물의 죽음 방식은 크게 두 가지로 나뉩니다. 하나는 '사고'에 의한 죽음입니다. 잡아먹히거나 병들거나 굶어 죽는 경우가 이에 해당합니다. 좀 더 큰 규모의 사례를 들자면, 공룡이 멸종한 원인으로 추측되는 운석 충돌, 그리고 그로 인해 일어난 대규모 기후 변동 등이 있습니다. 다른 한 가지는 '수명'에 의한 죽음입니다. 수명은 유전적으로 프로그램이 되어 있어서 종에 따라 그 길이가 다릅니다.

두 가지 방식 중에서 어떤 방식으로 죽을 가능성이 더 높은지는 종種이나 생활 환경에 따라 차이가 납니다. 일반적으로 자연계에서는 대형 동물은 '수명사'가 더 많고, 소형 생물은 '사고사'가 더 많습니다. 쉽게 상상할 수 있듯 소형 생물은 '사고사' 중에서도 피식被食, 그러니까 잡아먹혀 죽는 일이 많습니다. 그래서 소형 생물은 다른 생물이 잡아먹기 어려운 형태로 변하거나 어느 정도 포식당해도 자손이 이어질 정도로 자식을 많이 낳는 개체가 살아남게 됐습니다.

예를 들어 실제 생물과는 전혀 다른 모습으로 의태하는 곤충들이 있습니다. 저희 집 근처에서 발견한 으름큰나방은 이렇게까지 비슷해질 필요가 있나 싶을 정도로 나뭇잎과 똑같이 생겼습니다(그림 3-1). 이런 모양의 날개로 생활하기는 불편할 것 같지만, 그 불편함보다도 포식당할 위험성이 더 컸기 때문에 이러한 모습의 개체가 살아남았던 것이겠지요.

이들이 하루아침에 이런 모습이 된 게 아니라는 사실을 거듭 강조하고 싶습니다. 우선 작은 변화가 일어나 다양한 종이 생겼습니다. 그리고 그중에서 의태 수준이 조금이라도 낮은 나방들은 잘 움직이지도 못하는 데다가 금방 들켜서 선택적으로 잡아먹혀 그 수가 감소했습니다. 상대적으로 조금이라도 다른 생물이 잡아먹기 어려운 나방들, 그러

[그림 3-1] 나뭇잎과 똑같이 생긴 '으름큰나방'
촬영: 고바야시 도모히로

니까 나뭇잎과 똑같이 생긴 것들만 살아남았지요.

포식당할 수 있다고 가정하고 아예 과하다 싶을 정도로 많은 알을 낳아 자손을 남기는 전략을 취한 생물도 있습니다. 대표적인 예가 어류입니다. 참치는 마치 다 먹어치워달라는 듯 100만 개나 되는 알을 바다에 뿌립니다. 그중에서 성어成魚가 되어 자손을 남길 때까지 성장하는 개체는 겨우 수십 마리에 불과합니다. 현시점에서 생각해 보자면 그렇게 많은 양의 알을 낳는 일이 아주 쓸데없는 짓처럼 느껴지지만, 이것 역시 갑자기 이렇게 된 게 아니라 알의 수가 적은 종은 멸종하기 쉬우므로 점점 알의 양이 많은 종만 남도록 진화한 것입니다.

잡아먹히지 않도록 진화한 생물

이 '잡아먹히는 죽음'을 다른 죽음과 마찬가지로 진화의 중요한 추진력이라고 본다면, 생물의 신기한 산란 행동도 충분히 설명할 수 있습니다. 뱀장어는 왜 굳이 몇천 킬로미터나 떨어진 심해까지 가서 산란하는 걸까요? 인간의 관점에서 보면 좀 더 사는 곳 가까이에서 산란해야 알과 치어를 얻기도 쉽고 기르기도 쉽지 않을까 하는 생각이 듭니다. 그들이 이렇게 멀리까지 이동하는 이유는 아마 근처에서 산란하는 종부터 순서대로 멸종했기 때문일 텐데요. 포식자가 더 적은 더 먼 곳으로 서서히 이동 거리를 넓힌 결과, 마침내 심해까지 도달했으리라고 상상해 볼 수 있습니다.

이와 반대로 연어는 왜 바다에서 살다가 굳이 힘들게 강 최상류까지 거꾸로 올라가 산란하는 걸까요? 이제 여러분도 금방 이해가 되겠지만, 강 최상류의 얕은 곳은 알과 치어를 먹는 포식자(물고기)가 비교적 적고, 하구보다 훨씬 안전하기 때문입니다. 그리고 굳이 자기가 태어난 강으로 돌아가는 이유는 무엇일까요? 그 강에는 최상류까지 거슬러 올라가는 것을 가로막는 큰 폭포나 장애물이 없다는 사실을 이미 어린 시절의 경험으로 알고 있기 때문입니다. 태어난 강이 아닌 낯선 강은 상류가 어떻게 구성되어 있는지, 하구에서는 알 수 없으니까요.

그래서 연어는 태어난 강의 물 냄새를 오랫동안 기억하

고 있습니다. 이 대단한 능력도 갑자기 갖춰진 것이 아닙니다. 기억력이 안 좋은 종들은 강을 착각해서 살아남지 못하고 기억력이 좋은 종들만 살아남는 과정에서 이 능력을 갖췄습니다. 이처럼 서로 다른 선택에 따라 생존 후보가 되기도 하고 탈락하기도 합니다. 그러므로 '잡아먹히는 죽음'이 이끄는 진화 역시 '다양한 종의 존재'가 대전제가 됩니다.

수명에 의한 죽음은 없다

잡아먹히거나 사고로 맞이하는 죽음 외에 또 다른 죽음의 방식으로는 '수명'을 꼽을 수 있습니다. 대형 동물이나 나무는 수명이 다하여 죽기도 합니다. 특히 나무의 수명은 매우 다양한데, 야쿠 삼나무의 경우 수천 년을 살기도 합니다.

그럼 왜 수명이 있는 것인지 생각해 봅시다. '진화가 생물을 만들었다'라고 한다면 수명에도 생명의 연속성을 뒷받침하는 중요한 의미가 있을 터입니다.

대부분 생물에는 수명이 있습니다(그림 3-2). 예외적으로

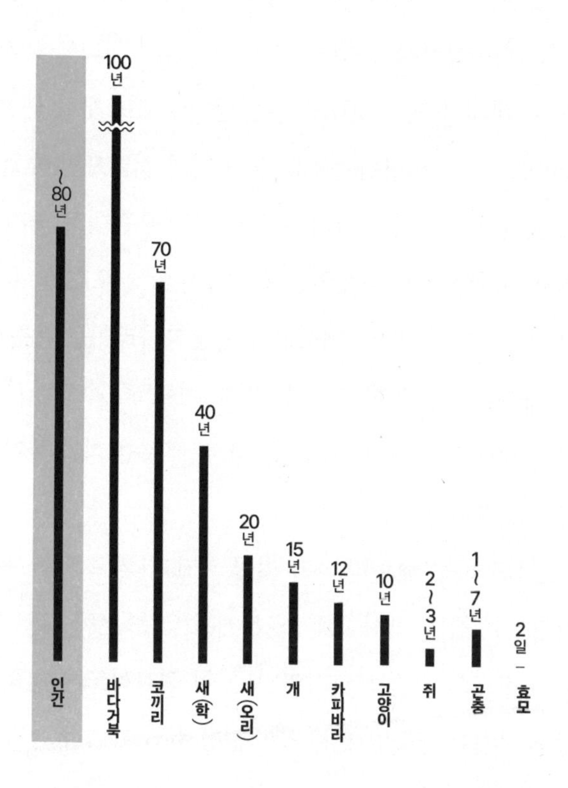

[그림 3-2] 여러 생물의 수명

수명이 없는 생물도 있지만, 그런 사례는 매우 드뭅니다. 예를 들어 플라나리아라는 생물은 수명이 없고 조건에 따라서는 계속 살아갈 수 있습니다. 몸을 둘로 잘라도 죽기는커녕 두 개체가 되어 오히려 늘어납니다. 100개로 분할해도 100마리가 되어 살아가지요. 물론 마구 짓밟으면 죽고 먹이가 없거나 환경이 변화해도 죽기 때문에 절대로 죽지 않는 건 아니지만 조건만 충족된다면 죽지 않고 오래 살 수 있습니다. 지금까지의 연구에 의하면 플라나리아는 온몸에 어떤 세포로도 분화할 수 있는 만능 세포, 즉 수정란과 같은 것을 지니고 있어서 그게 잃어버린 부분을 재생하여 부활한다고 합니다.

'회춘하는 해파리'라며 최근 화제가 되고 있는 홍해파리라는 생물을 아시나요? 일본에도 있는 전체 길이 1센티미터 정도의 작은 해파리입니다. 이 해파리도 좀처럼 죽지 않는 신기한 생물인데, 수명이 없을 뿐만 아니라 심지어 '회춘'까지 합니다(그림 3-3).

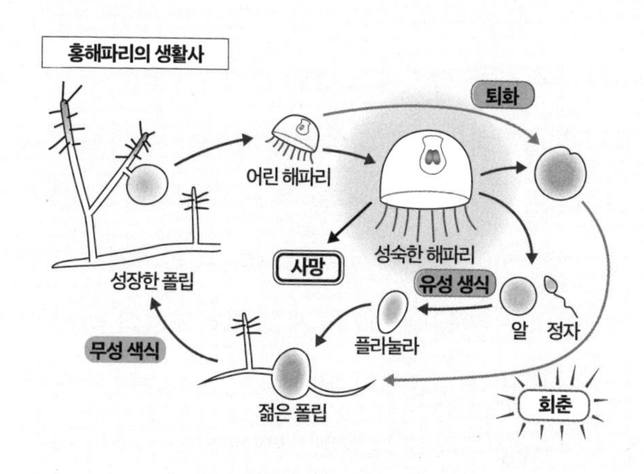

[그림 3-3] **회춘하는 해파리 '홍해파리'의 일생**
생육 환경이 나빠지면 성숙 후에 회춘하여
다시 폴립이 되어 자손을 남기는 개체가 나온다.

일반적으로 해파리는 대다수 다른 생물과 마찬가지로 성숙해진 뒤 유성생식을 합니다. 이후 자손을 남긴 다음에 노화되어 죽음에 이릅니다. 그런데 홍해파리의 일생은 좀 다릅니다. 일단 일반 해파리와 마찬가지로 수정란이 플라눌라라는 부유성 유생幼生이 되어 바닷속을 떠다니다가 곧 바위 따위에 붙어 말미잘 모양의 폴립polyp 형태가 됩니다. 이 폴립은 성장하면 무성생식을 통해 다수의 어린 해파리를 낳습니다. 어린 해파리는 몇 주 만에 성체가 되고, 정자나 알을 방출하여 유성생식을 합니다. 여기까지는 일반적인 생태입니다. 그러나 신기하게도 홍해파리의 성체 중에는 변형해서 또다시 폴립이 된 뒤 무성생식하여 자손을 늘리는 것이 있습니다. 다시 말해 시곗바늘을 거꾸로 돌린 것처럼 이전 상태로 '회춘'하는 것이지요.

이와 같은 회춘은 생육 환경이 나빠질 때 발생합니다. 이것 역시 진화의 과정에서 홍해파리가 체득한 생존 전략입니다.

이런 예외적인 생물을 제외하고는 대부분의 생물은 각각의 수명을 갖고 있습니다. 그렇다면 수명이 다해 죽는다는 건 대체 무엇일까요?

사실 '수명'이라는 죽음의 형태(사망 원인)는 과학적으로 아직 정의되지 않은 개념입니다. 인간도 사망 진단서에 사인을 '수명'이라고 적지 않지요. 동물의 경우 완전히 심장이 멈추는 등 어떤 직접적인 사인이 있습니다. 조직이나 기관의 활동이 시간이 지남에 따라 서서히 저하하는 '노화'는 생리 현상이며, 이 노화의 최종적인 증상(결과)으로서 수명이라는 죽음[노사老死]이 있다고 이해하면 될 것입니다.

노화는 생리 현상이므로 피할 수 없지만 다소 진행을 늦추는 것은 가능합니다. 이 점에 대해서는 제5장에서 자세히 설명하도록 하겠습니다.

원핵생물의 생존 전략은 대성공

이제 노화와 수명의 관계에 대해 여러 생물을 예로 들어 생각해 봅시다.

원핵생물인 세균(박테리아)은 지구가 생기고 나서 최초

로 나타난 생물입니다. 제1장에서도 살펴봤듯 이들은 단순한 구조 그대로 각각의 생활 환경에 최적화된 생존 전략을 세웠습니다. 지구 곳곳에 존재하며 종류와 개체 수가 지구상에서 가장 많은 것이 바로 이 원핵생물입니다.

뜨거운 물이 솟구치는 해저, 생물의 장 속이나 피부, 다른 생물의 세포 속에서도 삽니다. 형태도 다양하고 우리의 상상력을 훨씬 뛰어넘을 정도로 적응 능력이 뛰어납니다. 지금부터 이야기하려고 하는 이들의 생존 전략은 평범하지만 매우 성공적이라고 할 수 있습니다. 그야말로 'Simple is best(단순한 것이 최고다)'를 그대로 실현한 생물이지요.

원핵생물은 핵이나 미토콘드리아, 엽록체 등 막에 싸인 세포 내 소기관을 가지고 있지 않습니다. 다만 세포 자체가 미토콘드리아나 엽록체와 같은 기능을 하는 것은 있지요. 대부분 세균들은 개별적인 환경에 적응하고 있어서 실험실에서 쉽게 배양할 수 없습니다. 따라서 게놈 분석도 할 수 없고, 여전히 분류되지 않거나 발견되지 않은 세균도 상당히 많습니다. 그야말로 매우 신비스러운 가능성을 품고 있는 생물입니다.

시아노박테리아라는 원핵생물은 식물처럼 빛 에너지를 이용해 광합성을 할 수 있습니다. 세포소기관 중에는 산소를 이용하여 유기물을 분해해서 세포에 필요한 에너지를 공급하는 미토콘드리아가 있는데, 원핵생물 가운데는 이 미토콘드리아의 기원이 된 박테리아도 있습니다. 최근에는 페트병 소재이기도 한 폴리에틸렌을 분해할 수 있는 세균도 발견되어, 세균을 잘 이용하기만 한다면 가까운 미래에 환경 문제나 식량 문제를 다소나마 해결할 수 있을지도 모릅니다.

노화하지 않는 세균적 죽음

원핵생물인 세균이 다세포화의 길을 걷지 않은 이유 중 하나는 게놈 구조 때문입니다. 세균의 게놈은 고리처럼 둥근 형태인데, 이것은 텔로미어를 가지지 않는다는 이점이 있습니다. 텔로미어란 염색체의 끝부분을 분해로부터 보호하는 역할을 하는 일종의 보호 마개입니다. 선 형태의 염색체라면 예외 없이 텔로미어를 갖고 있지요. 세균의 게놈은 복잡한 구조의 텔로미어를 갖고 있지 않고, 크기도 매우 작아서 분열에 필요한 시간도 짧습니다. 차례로 분열해서 수를 늘리기 때문에 DNA에 변화(변이) 능력을 갖춘 세포가 발생할 확률이 높습니다. 또한 다양한 성질을 획득해서 새로운 환경에 적응할 때까지의 시간이 짧아 여러 환경 속에서도 살아남을 수 있습니다.

예를 들어 원핵세포인 대장균은 조건만 갖춰지면 약 30분에 한 번 분열합니다. 1일(24시간) 만에 2^{48}개(약 280조 개)가 생기기 때문에 그대로 증식하기만 한다면 순식간에 지구를 파묻어버릴 정도의 능력이 있습니다(실제로는 중간에 영양이 부족하여 증식을 멈춥니다만). 아주 단순한 진핵세포인 효모도 1회 분열에 약 2시간이 걸린다는 사실과 비교하면 원핵세포의 분열 속도가 얼마나 빠른지 짐작할 수 있습니다. 유전자 수는 대장균이 약 4,300개이고 효모는 약 6,100개여서 그렇게 큰 차이는 없지만, 효모의 게놈 크기(DNA의 양)는 대장균의 약 3배나 됩니다. 효모는 염색체도 16개나 있습니다. 동물 세포의 경우 유전자 수는 대장균의 5배이고 게놈 크기는 약 500배입니다. 동물 세포의 분열 속도는 세포의 종류에 따라 다르지만, 분열 속도가 빠른 장의 표피세포라도 하루가 걸립니다. 이런 사례와 비교해 봤을 때 대장균을 비롯한 세균의 증식 속도는 정말 빠르다는 것을 알 수 있습니다.

반대로 세균의 약점은 고리처럼 둥근 형태의 게놈에 들어갈 수 있는 유전자 수에 한계가 있다는 점입니다. 이 때문에 세균은 세포를 크게 하거나 다기능화시킬 수가 없습니다. 예를 들어 생존에 필수적이고 세포 속에 가장 많이 존재하는 rRNA(단백질을 합성하는 리보솜 활동을 담당하는 RNA)의 유전자는 진핵세포에서는 100개 이상 존재하지만, 대장균에는 겨우 7개만 존재합니다. 이것은 대장균의 유전자 중에서 가장 많은 축에 속하지만, 세포를 크게 만드는 역할을 하는 여러 단백질을 생산하기에는 너무 적은 양입니다.

유전자 증폭처럼 게놈을 재편성하는 작업은 단백질을 만드는 유전자 이외의 영역, 즉 비번역 영역non-coding region이 맡고 있습니다. 세균에는 유전자와 유전자 간의 비번역 영역이 거의 없습니다. 게놈 크기를 최소로 하여 증식 속도를 높이기 위해서지요. 세균의 게놈은 변화는 빠르지만 복잡한 기능을 갖기에는 너무 작다는 뜻입니다.

자, 그럼 여기서 중요한 주제인 죽음의 방식 이야기로 돌아갑시다. 세균은 어떻게 죽을까요? 세균은 기본적으로는 영양이 계속 보급되는 한 영원히 증가하고 노화도 겪지 않습니다. 노화에 의한 자연스러운 죽음 자체가 없는 셈이지요. 세균은 굶어 죽거나, 잡아먹히거나, 환경 변화에 의한 사고사로 죽을 뿐입니다.

단세포 진핵생물적 죽음

〈원생생물〉

단세포 진핵생물 중에서 균류 등에 속하지 않는 것을 '원생생물'이라고 합니다. 유글레나나 짚신벌레가 이에 해당합니다. 세균(박테리아)보다 크고 기능도 많습니다.

짚신벌레는 세균처럼 분열로 증식하지만, 흥미롭게도 노화도 합니다. 짚신벌레는 조건만 갖춰지면 하루에 3번 정도 분열하다가 200일이 흘러 약 600번 분열하면 늙어 죽습니다. 다만, 중간에 다른 개체와 '접합'이라는 유전물질 교환을 하면 리셋(회춘)하여 다시 0번부터 분열의 횟수가 시작됩니다.

〈점균〉

단세포의 원생생물 중에서는 점균(세포성 점균)처럼 집합체를 형성하고, 세포가 분화하여 일시적으로 다세포생물처럼 행동하는 것도 있습니다(그림 3-4). 일반적으로 점균은 영양 상태가 좋은 경우에는 아메바로서 단세포로 세균 등을 먹고 살아갑니다. 그러나 영양분이 부족해지면 집합해서 민달팽이처럼 생긴 '이동체移動體'가 되어 돌아다닙니다. 이동체일 때 세포는 분화해서 각각 다른 역할을 맡게 됩니다.

이동체는 적당한 장소에 멈춰서 몸 뒤쪽 절반의 세포가 위로 이동하여 '자실체Fruiting body'라고 불리는 버섯 모양의 작은 형태가 됩니다. 그 후 이동체의 머리에 해당하는 부분의 세포는 버섯의 줄기로, 몸 뒤쪽 절반의 세포는 포자[배우자gamete]로 분화합니다. 포자 상태로 굶주림이나 스트레스

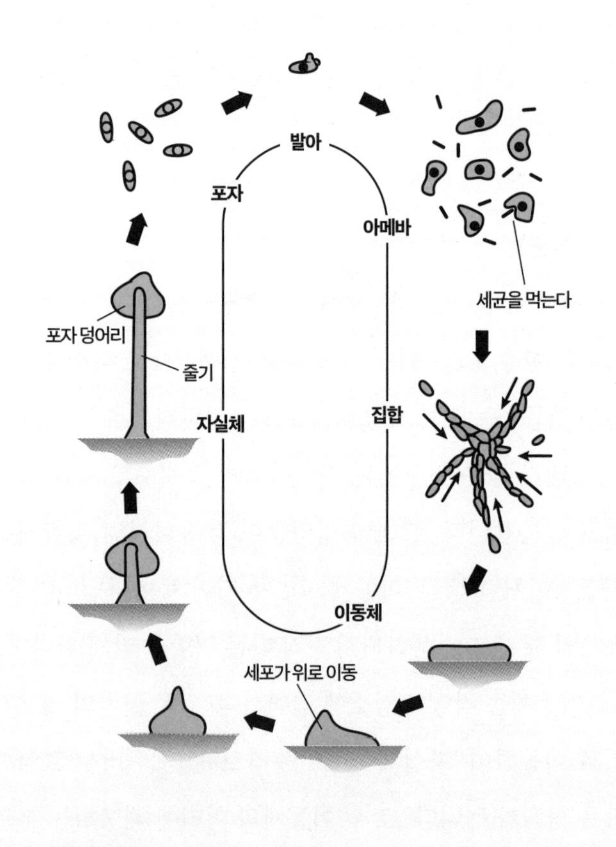

[그림 3-4] **점균의 일생**

를 견뎌내면서 자손을 더 먼 다른 환경으로 뿌려댑니다.

분열을 반복한 아메바는 서서히 노화하지만, 포자가 되면 리셋되어 회춘하고 다시 원래 상태로 돌아갑니다. 한편 줄기 부분의 세포는 그대로 죽고 맙니다. 우연히 이동체의 머리 부분이 됐던 세포는 몸 뒤쪽 절반에 있는 세포를 위해 죽는 것이지요. 즉, '공공의 이익을 위해 죽거나' '이타적으로 죽는' 것입니다. 이건 죽음의 소중한 의미인데요. 이 점에 대해서는 제5장에서 자세히 설명하도록 하겠습니다.

〈효모〉

효모는 균류(곰팡이나 버섯류)에 속하는 단세포 진핵생물입니다. 출아 효모는 알코올 발효 작용이 있어서 술을 만들 때 필수적인 역할을 합니다. 또, 빵 반죽을 부풀리거나 간장을 만들 때 사용되기 때문에 인류의 식생활과 밀접한 관계가 있는 생물이기도 합니다. 그뿐만 아니라 효모는 생물학 연구에도 매우 큰 공헌을 하고 했습니다. 진핵세포의 표본으로서 가장 상세하게 연구되고 있는 생물이라고 해도 과언이 아닙니다. 먹어도 좋고, 마셔도 좋고, 연구하기도 좋은. 삼박자를 갖춘 생물입니다.

이런 출아 효모도 노화와 노화에 따른 수명이라는 죽음의 방식을 겪습니다(그림 3-5). 모세포에서 싹이 나서(발아) 그것이 서서히 커지면 조금 작은 딸세포가 되어 분리(분열)되는데, 하나의 모세포가 평생 낳을 수 있는 딸의 수, 즉 분열할 수 있는 횟수는 약 20회 정도로 정해져 있습니다. 통상적으로는 2시간에 1번 분열하지만, 18번째 분열부터는 급속하게 속도가 느려지며(노화) 20회 때 증식이 정지되었다가 곧 죽고 맙니다. 겨우 이틀밖에 안 되는 짧은 수명이지요.

효모는 유성생식, 다시 말해 두 개의 세포가 융합해서 하나가 되고, 그 후에 포자를 형성하면 세대교체가 일어나 회춘하게 됩니다. 흥미로운 점은 세대교체를 하지 않아도 모세포로부터 발아로 태어난 딸세포는 리셋되어 회춘합니다. 즉, 1번의 분열(발아)로 노화(모세포)와 회춘(딸세포)이 일어나는 것이지요. 정말 굉장하지 않습니까. 이 회춘 현상은 제가 가장 주력하는 연구 주제이기도 합니다. 이것에 대해서는 제5장 노화 유전자와 관련된 부분에서 설명하도록 하겠습니다.

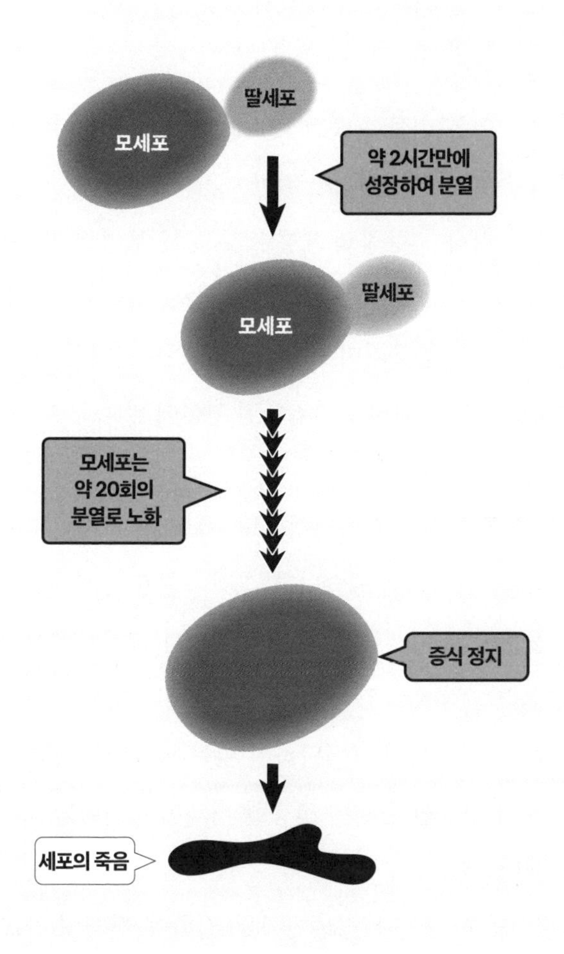

[그림 3-5] **점균의 일생**

곤충이 가장 진화한 생물이라고?

지구에는 이름이 붙은 것만 따져도 약 180만 종이나 되는 생물이 존재합니다. 거기서 절반 이상에 해당하는 약 97만 종이 곤충입니다. 동물의 계통수(그림 3-6)를 보면 무척추동물의 가지(그림 3-6의 왼쪽 가지)의 정점, 다시 말해 가장 마지막에 나타난 것이 절지동물이며 그중 하나가 곤충입니다. 바꿔 설명하자면 가장 진화하고 복잡화된 생물이 바로 곤충이라는 뜻이지요.

곤충의 죽음은 '잡아먹혀 죽는 유형'과 '수명이 다하여 죽는 유형' 두 가지가 있습니다. 그러나 곤충은 같은 절지동물인 물속에 사는 새우나 게(절지동물갑각류)와 비교하면 잡아먹혀 죽는 경우가 훨씬 적습니다. 뛰어난 비행 능력을 갖추어서 적에게 쉽게 포식당하지 않는 방향으로 진화하는 등 육지의 다양한 환경에 적응한 개체만이 살아남아 진화했을 테니까요.

곤충의 가장 큰 특징은 변태變態입니다. 변태 기간을 살펴보면 성충이 되기 위한 준비 기간이기도 한 유충 시기가

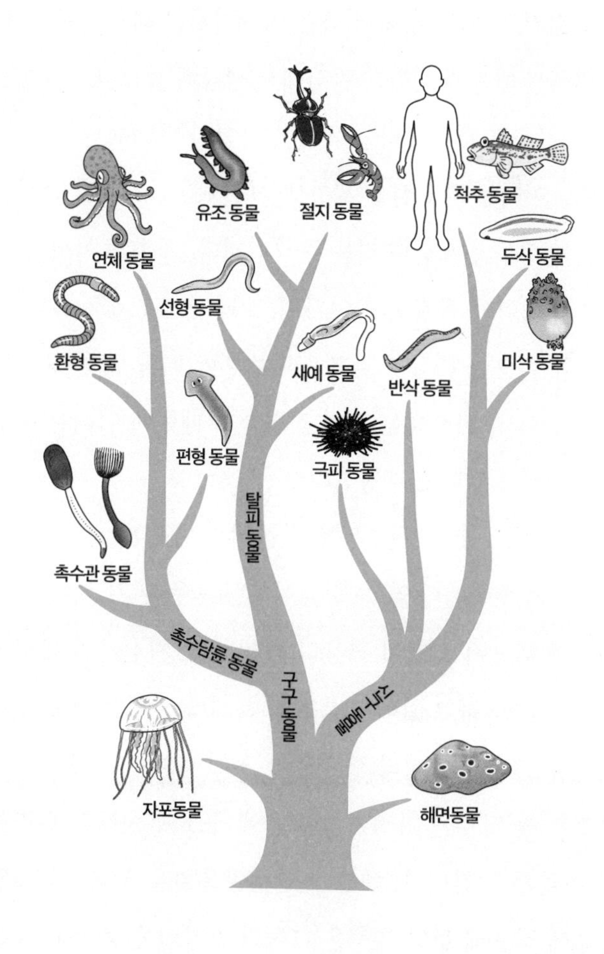
유조 동물
절지 동물
척추 동물
연체 동물
두삭 동물
선형 동물
환형 동물
새예 동물
반삭 동물
미삭 동물
편형 동물
극피 동물
탈피 동물
촉수관 동물
촉수담륜 동물
구구 동물
신구 동물
자포동물
해면동물

[그림 3-6] 동물의 계통수

가장 길지요. 여기서 잠시 다른 이야기지만 왜 곤충은 이렇게 변태를 하는지 진화의 관점에서 생각해 봅시다.

에른스트 헤켈이라는 독일 생물학자가 1866년에 '발생반복설'이라는 진화설을 제창했습니다(그림 3-7). '개체 발생은 계통 발생을 반복한다'라는 주장입니다. 예를 들어서 포유동물의 태아는 물갈퀴와 아가미, 꼬리가 있고 양서류나 파충류와 비슷한 특징을 갖고 있다는 것입니다. 그는 포유동물이 양서류, 파충류를 거쳐 진화했기 때문에 이러한 특징을 유지하고 있다고 주장합니다.

제 해석으로는 척추동물이 신체를 만들어가는 과정은 어머니의 뱃속이나 알 속과 같이 '보호받는 환경' 속에서 일어나기 때문에 선택이 작용하기 어렵고, 자신들의 조상과 같은 모습을 하고 있어도 특별한 문제가 없었던 것으로 보입니다. 그뿐만 아니라 생물 발생 초기 단계는 개체의 기본 구조를 짜 맞추는 과정이기 때문에 구조나 형태를 변경하기 힘들기도 합니다. 헤켈의 발생반복설을 무척추동물인 곤충에 적용해 보면 유충은 그들의 조상인 선충線蟲과 같은 선형동물적인 형태를 반복하고 있다는 뜻이겠지요.

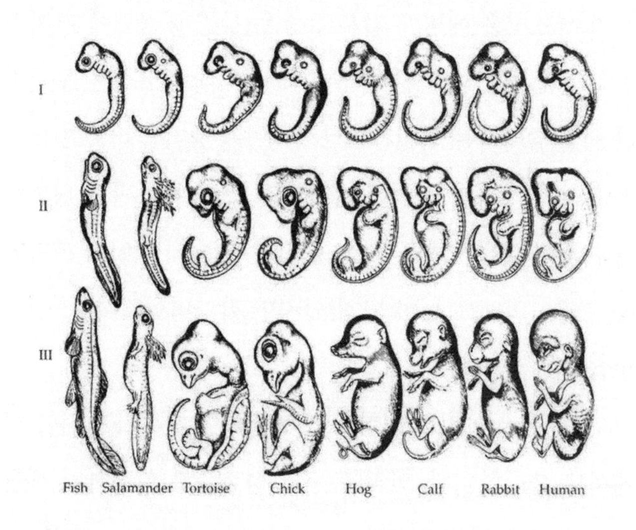

[그림 3-7] **헤켈의 발생반복설**
각 척추동물의 발생 과정

생식을 통해 죽는 곤충적 죽음

곤충의 죽음에 관한 이야기로 다시 돌아가 봅시다. 장수풍뎅이를 보면 알 수 있듯 두꺼운 껍데기에 싸인 성충과 비교하면 부드러운 애벌레 같은 유충은 무방비 상태에 가까워 보입니다. 흙이나 마른 나무 속에서 지내는 유충은 두더지가 제일 좋아하는 먹잇감으로서 장수풍뎅이를 비롯한 많은 곤충들이 이 유충 시기에 잡아먹혀 죽습니다. 반면 성충은 나무 위나 마른 나뭇잎 아래 등 얕은 땅속에 있어서 까마귀나 고양이의 목표물이 되기 쉽지만 잡아먹힐 위험은 훨씬 낮습니다.

유충은 잡아먹힐 위험도 크지만 행동 범위가 좁다는 점에서도 불리합니다. 만약 유충이 성충으로 성장하지 못한다면 근처에 있는 유전적으로 매우 닮은 개체와 교미할 수밖에 없기 때문에 다양성 확보라는 면에서 불리합니다. 그래서 더욱 운동성이 좋고 포식당하기 힘든 단단한 몸을 가진 '성충'이 되도록 진화했던 것으로 볼 수 있습니다. 즉, 교미를 위해 변태를 하는 것입니다.

그렇다면 변태와 같은 귀찮은 과정을 거치지 않고, 그냥 처음부터 성충 형태로 태어나면 되지 않을까 하는 생각이 들지도 모릅니다. 메뚜기류가 대개 이에 가까워서 유충과 성충이 비슷하게 생겼습니다. 그러나 이들의 경우 몇 번이나 탈피를 거쳐야만 하고, 또 탈피할 때 움직일 수 없는 시간이 생기면서 포식당할 위험이 있어 나름의 고충이 있습니다. 메뚜기와 달리 장수풍뎅이처럼 단단한 껍데기(투구)를 가진 곤충(갑충)은 탈피가 애초에 현실적으로 불가능합니다. 그래서 유충이나 번데기라는 리스크가 높은 형태를 거칠 필요가 있지요.

유충 시기는 이것 말고도 중요한 의미가 있는 시기입니다. 성충이 되고 나서 식량이나 암컷을 쟁취하기 위해서는 큰 덩치와 기다란 뿔을 가져야 유리합니다. 그래서 비록 두더지에게 잡아먹힐 위험이 있을지라도 장기간에 걸친 유충 시기에 많이 먹어 덩치를 키워두는 편이 나았을 겁니다. 거듭 말하지만, 진화가 생물을 만들었습니다. 어쩌다 보니 이런 발생 과정을 가진 생물이 살아남았던 것뿐입니다.

어릴 때 장수풍뎅이 유충을 만져보고 그 무게에 깜짝

놀란 기억이 있는 분도 있을 겁니다.(그림 3-8) 장수풍뎅이나 다른 곤충이 몸집을 키울 수 있는 시기는 유충 때뿐입니다. 그러니 유충이 할 일은 먹고 덩치를 키우는 일이지요.

성충이 된 곤충의 주요 업무는 다른 생물과 마찬가지로 생식입니다. 곤충은 같은 종의 이성 개체를 찾아 돌아다니는데, 이를 위해 운동 및 투쟁 능력, 페로몬 탐지 능력이 가히 경이적이라 할 만큼 발달하게 됩니다. 예를 들어 도마뱀의 살아 있는 먹이로 팔리는 투르키스탄 바퀴벌레는 100분

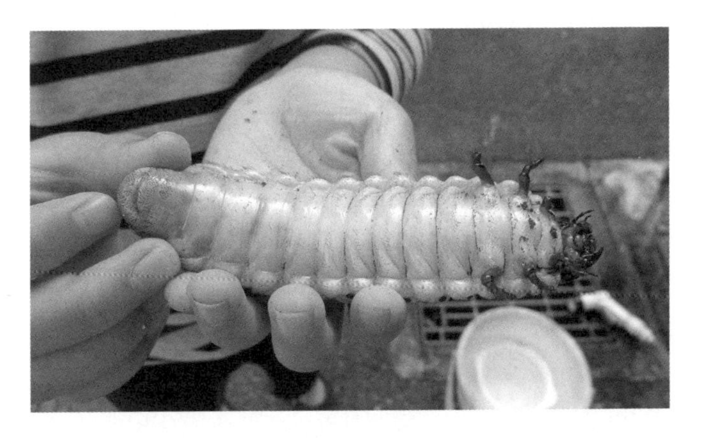

[그림 3-8] **상당히 큰 장수풍뎅이 유충(헤라클레스장수풍뎅이)**
촬영: 필자

자 이하의 초미량 페로몬도 감지할 수 있어서 멀리 떨어진 이성을 추적할 수 있습니다. 이 역시 갑자기 이런 초고감도 탐지 능력을 얻은 게 아니라 짝짓기 상대를 더 효과적으로 찾기 위해 선택한 결과로 이렇게 된 것입니다.

많은 곤충은 교미 후에 역할을 다 했다는 듯 파닥파닥 죽어갑니다. 교미를 마치기 전까지의 활발한 활동이 마치 거짓말 같이 느껴집니다. 하루살이 성충의 수명은 겨우 24시간 정도여서 탈피하고, 교미하고, 산란한 후에는 급속히 노화하여 마치 종료 프로그램이 설치된 기계처럼 죽고 맙니다. 놀랍게도 그들에게는 입이 없습니다. 아주 짧게만 살기 때문에 아예 먹이를 섭취할 필요도 없어서지요. 이처럼 성충의 수명은 자손을 남기기 위해서만 사용됩니다. 쓸데없이 살지 않는다는 의미에서 보자면 적극적인 죽음의 방식이며, 가장 극단적으로 진화한 프로그램된 죽음이라고 말해도 좋을 정도입니다.

크기로 수명이 정해지는 쥐의 죽음

다음으로 척추동물 이야기를 좀 해보겠습니다. 우선 쥐에 관한 이야기부터 시작하지요. 죽음의 형태로 분류하자면 야생 쥐, 특히 소형 쥐는 '잡아먹혀 죽는' 유형입니다. 이른바 생쥐Mus musculus는 실험실에서 기르면 2~3년은 살 수 있지만, 야생에서는 환경에 따라 조금씩 다르지만 몇 개월에서 길어도 1년 정도밖에 생존할 수 없습니다.

생쥐(그림 3-9)는 생후 겨우 2개월 만에 성장하고 성숙해져서 20일간의 임신 기간 동안 4~5마리의 새끼를 낳습니다. 이 속도로 1년에 몇 번이나 출산합니다. 만약 야생 생쥐가 풍부한 먹이 덕분에 수년 동안 살아남는다면 온 동네가 쥐로 넘쳐날 것입니다. 실제로 사람이 살지 않게 된 동네에서 쥐가 많이 발생했다는 이야기를 흔히 들을 수 있습니다.

'진화가 생물을 만들었다'라는 관점에서 생쥐의 삶을 생각해 보면 그들의 생존 전략은 천적에게 잡아먹혀 죽을 확률을 줄이기 위해 재빨리 움직이며 도망 다니는 것이었습니다. 생쥐들 가운데 잡아먹히기 전에 빨리 자라서 많은 자손을 남기는 성질(다양성)을 갖춘 개체가 살아남았다는 뜻입니다.

생쥐는 재빨리 움직이고 빠르게 번식하는 능력을 갖춘 데 대한 트레이드 오프(어떤 것을 얻기 위해 다른 하나를 포기하는 것 — 옮긴이)로서 장수와 관련된 기능, 예를 들어 암에 잘 걸리지 않도록 하는 항암 작용이나 가능한 오래 살 수 있게 하는 항노화 작용에 관한 유전자 기능을 잃은 것으로 짐작됩니다. 어차피 잡아먹혀 죽게 되므로 그들에게 장수는 크

[그림 3-9] **생쥐**
촬영 : 필자

게 필요치 않은 것이지요. 그런 의미에서 보자면 나중에 다시 설명하겠지만, 인간의 노화를 연구하기 위해 쥐를 실험 대상으로 활용하는 것은 그리 좋은 방법이 아닐지도 모릅니다. 인간과 쥐는 죽는 방식이 서로 다르니 말입니다.

쥐과에 속하더라도 몸길이가 중형이나 대형이라면 사정이 좀 다릅니다. 우선 수명부터 다르지요. 중형인 고슴도치(전체 몸길이 약 20센티미터)는 약 10년, 대형인 비버(전체 몸길이 약 1미터)는 약 20년을 삽니다. 몸길이가 크면 클수록 수명도 늘어납니다. 이런 대형 쥐가 장수하게 된 원인은 자기 몸을 지키는 독특한 형태(고슴도치의 바늘 같은 털)나 생활 환경의 다양화(비버의 수상생활)를 통해 다른 생물에게 덜 잡아먹히게 됐기 때문입니다. 잡아 먹히지 않고 오래 사는 개체가 더 많은 자손을 남길 수 있게 되었지요. 즉, 장수의 성질(다양화)을 가진 종이 더 많은 자손을 남기고, 서서히 수명을 늘려나갔던 것입니다. 장수하기 위해 유전자가 진화했다는 뜻이기도 하지요.

이들이 장수할 수 있었던 이유는 몸의 형태와 생활 양식의 변화에 있었습니다. 변화해야 살아남을 수 있었기 때문에 고슴도치의 털은 더욱 뾰족해졌고 비버는 더 큰 댐을 만드는 능력을 갖도록 진화했지요. 그런 능력이 뛰어난 것만이 살아남고 또 장수할 수 있게 된 것입니다. 모든 성질에는 이유가 있습니다. 이런 점이 생물학의 재미이기도 합니다.

그리하여 고슴도치나 비버 같은 쥐과 동물의 죽음은 점차 '잡아먹혀서 죽는 방식'에서 '수명을 다해서 죽는 방식'으로 바뀌었습니다. 다만 다른 생물에게 잡아먹히지 않더라도 노화 때문에 스스로 먹이를 구하지 못하게 되면 죽음을 맞이할 수밖에 없으므로 신체 능력이 현저하게 낮아지는 노령기 같은 것은 없습니다. 건강하게 살다가 며칠 앓지도 않고 죽는 방식이라고나 할까요.

최장수 쥐! 벌거숭이두더지쥐의 죽음

쥐과 동물 중에서는 몸이 작음에도 불구하고 잡아먹혀 죽지 않는 종류도 있습니다. 벌거숭이두더지쥐가 이에 해당합니다(그림 3-10). 벌거숭이두더지쥐는 그 이름대로 털이 하나도 없고 뻐드렁니를 가졌는데, 아프리카의 건조한 지역에 개미집과 같은 굴을 파고 그 안에서 평생을 지냅니다.

이 벌거숭이두더지쥐는 가끔 침입해오는 뱀 정도 말고는 천적도 거의 없습니다. 그래서 전체 몸길이는 10센티미터 정도로 생쥐와 거의 같지만, 하루라도 빨리 성장해서 더 많은 자손을 남기고 잡아먹혀 죽는 생쥐와는 달리 수명을 다하고 죽습니다. 벌거숭이두더지쥐의 수명은 무려 생쥐의 10배 이상이나 되는 30년입니다. 쥐과 동물 중에서는 최고

[그림 3-10] 곤히 낮잠을 자는 벌거숭이두더지쥐
촬영 : 필자

로 오래 사는 편이지요.

벌거숭이두더지쥐가 장수할 수 있는 이유는 천적이 적기 때문만은 아닙니다. 거기에는 장수를 가능하게 하는 중요한 힌트가 숨겨져 있습니다. 우선 저산소 생활 환경을 꼽을 수 있습니다. 깊은 굴속에서 100마리 정도가 집단생활을 하므로 산소가 희박한 상태에 적응하며 삽니다. 일반적인 쥐의 경우, 산소가 없으면 5분 정도 만에 죽지만 원래부터 산소가 희박한 환경에서 사는 벌거숭이두더지쥐는 20분 이상 견딜 수 있습니다. 체온도 매우 낮고(32도), 체온을 유지하기 위해 쓰는 에너지도 적어서 먹는 양도 적습니다. 이런 성질은 벌거숭이두더지쥐가 대사가 낮다는 사실, 즉 에너지 절약형 체질임을 의미합니다.

에너지 절약형 체질은 에너지를 생산할 때 생겨나는 부산물인 활성산소의 양이 적다는 이점을 갖고 있습니다. 활성산소는 생체 물질(단백질, DNA나 지질)을 산화시키는, 즉 녹슬게 하는 작용을 하는 노화 촉진 물질입니다. 이 물질이 적으면 세포의 기능을 유지하는 데 매우 유리하지요.

예를 들어 DNA가 산화하면 유전정보가 변화하기 쉬워

져서 암의 원인이 되는데, 활성산소가 적으면 그만큼 암에 걸릴 위험이 줄어듭니다. 흥미롭게도 실제로 벌거숭이두더지쥐는 거의 대부분이 암에 걸리지 않습니다. 활성산소가 적은 게 장수에 큰 공헌을 하고 있지요. 또한 좁은 굴속에서 살고 있어서 몸에는 히알루론산이 많이 함유되어 있습니다. 히알루론산은 벌거숭이두더지쥐의 피부에 탄력을 주는 역할을 하는데, 이 물질이 항암 작용을 한다는 사실이 최근 연구에서 밝혀졌습니다.

벌거숭이두더지쥐가 장수할 수 있는 또 다른 이유는 이들이 포유류로서는 드물게 '진사회성'을 갖춘 생물이라는 점입니다. 진사회성이란 꿀벌이나 개미와 같은 곤충에서 볼 수 있는 여왕 중심의 분업 체제를 뜻합니다. 벌거숭이두더지쥐는 100마리 정도가 모여 집단생활을 하는데, 그중에서 한 마리의 여왕 쥐만 새끼를 낳습니다. 마치 꿀벌의 여왕벌처럼 말이지요. 꿀벌의 경우, 일벌은 모두 암컷이지만 선천적으로 새끼를 낳을 수 없습니다. 이와 달리 벌거숭이두더지쥐는 여왕을 제외한 암컷은 여왕 쥐가 발하는 페로몬에 의해 배란이 멈춰서 일시적으로 새끼를 낳을 수 없게 됩니다. 여왕 쥐가 죽으면 페로몬의 영향을 받지 않게 되므로 배란 기능이 부활해서 다른 암컷이 여왕이 되고 새끼를 낳기 시작하지요.

여왕 이외의 개체는 각각 일을 분담합니다. 예를 들어서 경호 담당, 식량 조달 담당, 육아 담당, 이불 담당 등입니다. 여기서 이불 담당이란 그냥 뒹굴면서 어린 쥐의 몸을 덥히고 체온 저하를 방지하는 일을 말합니다. 잠자는 걸 좋아하는 개체 사이에서는 인기 있는 직업일지도 모르겠네요. 진사회성의 핵심은 이런 분업에 의해 일을 효율적으로 처리할 수 있으므로 한 마리에 할당되는 노동량이 감소한다는 점입니다. 실제로 이불 담당뿐 아니라 많은 개체들이 편하게 잠자며 뒹굴거리는 모습을 볼 수 있지요. 이렇게 노동시간의 단축과 분업에 의한 스트레스 경감이 수명 연장에 중요하게 작용하는 것으로 보입니다. 그리고 수명 연장에 따라 '교육'에 투자하는 시간이 많아지면서 분업이 더욱 고도화·효율화되어 더더욱 수명이 늘어나게 된 것입니다. 벌거숭이두더지쥐는 이 수명 연장의 선순환 덕분에 일반적인 쥐보다 10배나 더 장수할 수 있게 되었습니다.

그리고 희한하게도 벌거숭이두더지쥐의 죽음은 젊은 개체의 사망률과 늙은 개체의 사망률에 거의 차이가 없습니다. 다시 말해, 나이를 먹어 기운이 없어진 개체가 없다는 뜻입니다. 어떤 원인 때문에 사망하게 되는지 아직 밝혀진 바는 없지만 죽기 직전까지 활발하게 움직입니다. 그야말로 건강하게 천수를 누리다 죽는 이상적인 죽음이지요.

대형 동물의 죽음

대형 동물은 수명이 깁니다. 포유류의 경우에는 몸을 구성하는 세포의 크기가 변하지 않기 때문에 큰 몸을 만들기 위해서는 많은 세포가 필요합니다. 따라서 무엇보다 발생 단계에서 많은 세포를 분열해서 그 수를 늘려야 하지만 이를 위해서는 상당한 시간이 필요합니다. 게다가 태어난 후부터 성수成獸가 될 때까지의 기간도 길어져서 자식을 보호하는 부모의 수명도 필연적으로 길어지게 됩니다. 예를 들어서 코끼리의 임신 기간은 22개월로서 성수가 될 때까지 20

년이나 걸립니다. 수명은 약 80년이지요.

일반적으로 대형 동물의 죽음은 포식당해서 죽는 비율보다 수명이 다하여 죽는 비율이 훨씬 높습니다. 물론 대형 동물이라도 강한 천적이 있으면 이와 반대 상황이 벌어지게 되고, 아무래도 포식당할 확률이 큰 만큼 자식의 사망률이 부모에 비해 높습니다. 또한 대형 동물은 많은 식량을 필요로 하기 때문에 자기 힘으로 먹이를 확보하지 못하는 상태가 되면 살아남기 힘들어집니다. 따라서 기후 변동이나 인간에 의한 개발로 식량이 줄어들면 살아남기가 어렵습니다. 건강할 때는 대형이라는 점이 유리하게 작용하지만 그게 오히려 발목을 잡는 일도 생기는 겁니다.

다음으로 인간 이외의 영장류(원숭이)의 죽음에 대해 살펴봅시다. 원숭이는 인간과 비슷해서 수명이나 노화 연구에도 많이 활용되고 있습니다. 다만 원숭이는 쥐처럼 사육이 간단하지 않고 수명이 길어서 연구 결과를 얻기까지 상당한 시간과 노력이 필요합니다. 원숭이류도 쥐와 마찬가지로 덩치가 클수록 오래 삽니다. 야생 상태에서 보면 마모셋 원숭이의 수명은 10년, 일본의 산에서 흔히 볼 수 있는 일본원숭이의 수명은 20년, 고릴라와 침팬지 그리고 오랑우탄은 40년 정도입니다. 동물원에서 사육한다면 야생보다 더 오래 살게 되고요.

야생 원숭이 암컷은 죽기 직전까지 배란(생리)을 하며 생식이 가능합니다. 수컷도 암컷도 죽기 직전까지 스스로 먹이를 찾고 무리와 함께 평범하게 생활하지만 죽을 때가 가까이 오면 무리를 떠나 홀로 죽음을 맞이하기도 합니다. 그들의 기본적인 죽음의 방식은 '건강하게 천수를 다하는 죽음'입니다. 사육장의 원숭이는 제4장에서 언급하는 인간과 마찬가지로 당뇨병 등의 병을 앓다가 죽을 때도 있습니다. 다만 인간처럼 긴 노후는 없습니다.

많은 원숭이가 무리 지어 생활은 하지만 벌거숭이두더지쥐만큼 분업이 잘되어 있는 건 아닙니다. 그러나 분업이 잘되지 않더라도 번식이나 육아, 방위, 먹이 확보에는 아무래도 무리로 있는 편이 더 유리하지요. 다만 예외적으로 오랑우탄은 기본적으로 '홀로' 다니면서 단독으로 행동합니다. 일설에 의하면 대형화에 의해 먹는 양이 증가하면서 집단으로는 오히려 먹이 확보가 어려워지자 무리 생활을 하지 않게 됐다고 합니다. 이것도 일종의 환경 적응이라고 할 수 있겠지요.

잡아먹히지 않아야 살고, 잡아먹어야 산다

생물종에 따라 맞이하는 서로 다른 죽음의 방식을 살펴봤는데, 여기까지의 이야기를 간단히 정리해 보자면 다음과 같습니다. 작은 생물은 도망 다니는 일, 그러니까 '(다른 생물에 의해) 잡아먹히지 않는 일'이 사는 길이고, 반면에 비교적 큰 생물은 자기 몸을 유지하기 위해 '잡아먹어야' 살 수 있습니다. 또한 죽음에 이르는 과정을 보면 인간에 의해 사육되는 동물 이외의 생물은 인간처럼 오랜 노화 기간을 겪지 않고 생식이라는 목표를 통과하면 수명이 다해 대부분 건강한 상태로 죽음을 맞이하게 됩니다. 마치 프로그램된 적극적인 죽음의 방식처럼 보입니다.

생물은 탄생 이후 오랜 시간을 거쳐 다양화되었지만, 형태나 생태만 다양해진 것이 아닙니다. 그 삶에 맞춰서 죽는 방식도 다양해지고 진화하였습니다.

어떤 생물이냐에 따라 차이는 있지만, 이러한 죽음의 방식이야말로 그들이 생존하기 위해 진화해 나가는 과정에서 '선택'되었다는 공통점이 있습니다. 즉, 지금 살아남은 생물들에게는 그 '죽음의 방식'마저도 어떤 의미가 있었기 때문에 그들이 존재할 수 있었다는 것입니다. 이제 조금씩 이 책이 던지는 물음인 '생물은 왜 죽는가'의 핵심에 가까워지고 있네요.

제4장

인간은 도대체 어떻게 죽는가?

제3장에서는 다양한 생물이 죽는 방식들에 대해 살펴보았습니다. 그러나 그 어떤 생물보다도 수명이나 죽음의 방식에 대해 더 잘 연구되어 있는 생물이 바로 인간입니다. 지구상에 인간만큼 수명이 변화한 생물은 존재하지 않습니다. 2019년 일본인의 평균 수명은 여성이 87.45세, 남성이 81.41세로 역대 최고를 기록했습니다.

생물이 죽는 방식이나 수명을 포함한 삶의 모습은 생물이 다양화하는 과정에서 선택되고 진화해 온 것이라고 말씀드렸습니다. 그렇다면 인간의 경우는 어떨까요? 지금의 수명이나 죽음에 이르게 된 데에는 어떤 선택이 작용했던 걸까요?

제4장에서는 인간은 어떻게 죽는가, 그 변천과 죽음의 메커니즘에 관해 이야기해 보고자 합니다. 이와 함께 노화라는 인간 특유의 현상에 어떠한 의미가 있는지도 생각해 봅시다.

2500년 전까지만 해도 인간의 수명은 15세였다

우선 일본인의 수명 변천을 살펴봅시다. 아주 옛날에는 호적이라는 데이터가 존재하지 않았기에 뼈나 치아 등으로 추정해서 나온 결과지만, 구석기 시대~조몬 시대(2,500년 전 이전)에 일본인의 평균 수명은 13~15세였다고 추정됩니다.

이 시대에 인간은 주로 수렵을 통해 먹이를 구했고, 작은 집단을 이루어 생활했습니다. 구석기 시대에는 매머드와 같은 대형 포유류를 사냥했으며 빙하기 이후에는 해산물이나 나무 열매, 사슴, 멧돼지 등의 동물도 먹었습니다. 놀랍게도 이 시대의 인간의 평균 수명은 다른 영장류(원숭이)보다 짧았습니다. 환경에 영향을 많이 받다 보니 생활이 안정되지 않았다는 점, 수렵 중의 사고사, 그리고 무엇보다 질병이나 영양 부족에 따른 영유아 사망률이 매우 높았기 때문에 평균 수명이 짧아질 수밖에 없었습니다. 다시 말해 사고사가 죽음의 주된 원인이었던 것이지요. 인구도 때에 따라 적게는 10만, 많게는 30만 명으로 변동 폭이 컸던 것으로 보입니다.

이처럼 20만 년 전쯤에 아프리카에서 탄생하여 그 후 신천지를 찾아 세계 곳곳으로 퍼져 나갔던 '알몸 원숭이' 상태의 인간은 여전히 고달픈 존재였던 것입니다. 그렇다고 모두가 13~15세 정도에 죽는 건 아니었습니다. 유소년기를 넘어서 살아남은 인간은 출산과 육아를 하면서 30~40대까지 살았습니다. 현재보다도 많은 자손을 낳고 많이 죽는 이 상태가 결과적으로 다양성을 이루었고 훗날 인류의 대약진으로 이어졌을 가능성도 있습니다. 참고로 이 시기 인간의 신장은 지금보다 10센티미터 정도 더 작았을 것으로 추정됩니다.

야요이 시대(기원전 5세기~기원후 3세기 중반 — 옮긴이)에 들어서면서 일본인은 벼농사를 짓기 시작했습니다. 벼농사는 대륙에서 전파된 기술입니다. 벼농사를 통해 수확량을 늘리려면 사람들이 서로 협력해야 했으므로 생활 집단이 커지고 조직화된 마을이 탄생했습니다. 지도자와 같은 인물도 등장했지요. 수렵 중심의 생활에서 벗어나 한곳에 정착해서 사는 형태가 되면서 식생활이 안정되었습니다. 여전히 기술력이 부족해 날씨에 따라 수확량이 좌우될 때가 많았지만요. 영유아 사망률도 다소 개선됐습니다. 평균 수명은 20세, 인구는 급격히 증가하여 60만 명으로 추정됩니다.

한동안 변동이 거의 없던 평균 수명은 나라 시대(지금의 나라시에 수도가 있었던 710년부터 784년까지의 74년간을 말한다 — 옮긴이) 이후부터 조금씩 늘어나기 시작했습니다. 헤이안 시대(환무천황이 지금의 교토에 수도를 옮겼던 794년부터 가마쿠라 막부가 생겼던 1185년 경까지 약 390년 사이의 시기를 말한다 — 옮긴이)에는 평균 수명이 31세, 인구는 700만 명이 되었습니다. 다만 그 뒤를 잇는 가마쿠라 시대(1185년~1333년), 무로마치 시대(1338년~1573년)에는 기후 변동에 의한 흉작과 불안정한 정치, 거기에 연동하여 '전쟁'이 빈번하게 일어나면서 평균 수명이 다시 20대로 되돌아가고 말았습니다. 무로마치 시대의 평균 수명은 무려 16세에 불과했지요. 그 후 에도 시대(1603년~1868년)로 들어서면서 사회 정세는 안정되고 다양한 문화가 꽃피우게 되었습니다. 평균 수명도 38세까지 늘어나서 에도 막부의 초대 쇼군으로 유명한 도쿠가와 이에야스는 73세까지 살았습니다.

메이지 시대(1868년~1912년)~다이쇼 시대(1912년~1926년)에는 평균 수명이 여성이 44세, 남성은 43세까지 늘어났습니다. 세계대전 중에는 31세로 다시 줄었지만 2차대전 이후에는 순조롭게 흐름이 회복되어 70년이 지난 현재(2019년 기준 데이터)는 앞서 언급한 것처럼 여성 87.45세, 남성은 81.41세로 역대 최고 수준으로 치솟았습니다. 최근 100년 만에 수명이 거의 두 배로 늘어난 셈이지요. 같은 기간 동안 이렇게 수명이 늘어난 생물은 인간 말고 또 없습니다. 그 변동의 이유는 생리적인 이유라기보다는 주로 사회 정세와 관련이 깊습니다.

인간의 최대 수명은 115세?!

전후 일본인의 평균 수명이 늘어난 가장 큰 이유는 영유아 사망률이 줄어들었기 때문입니다. 그 주된 요인은 영양 상태와 공중위생의 개선 때문이지요. 영양 상태가 좋아지면서 어린이의 면역력이 높아져서 질병에 잘 걸리지 않게 되었습니다. 공중위생이 개선되면서 그때까지 인간을 괴롭히던 전염병도 줄었습니다.

그림 4-1는 2차대전 종전 이후부터의 생존 곡선입니다. 이 생존 곡선은 각각의 연령(가로축)에서 인구 10만 명당 생존 수(세로축)를 나타내고 있습니다.

구체적으로 살펴봅시다. 2차대전 후인 1947년에는 그래프가 왼쪽 상단에서 오른쪽 하단까지 거의 직선에 가까운 형태를 나타내고 있습니다. 이건 각 연령대의 생존율이 거의 일정하여 그다지 큰 변화가 없음을 의미합니다. 사고사 같은 방식으로 죽는 생물에게서 볼 수 있는 특징이지요. 게다가 영유아(0세 근처)의 생존 수가 급격히 내려갑니다. 그 이후부터 2차대전 후의 경제부흥에 따라 1975년에는 영

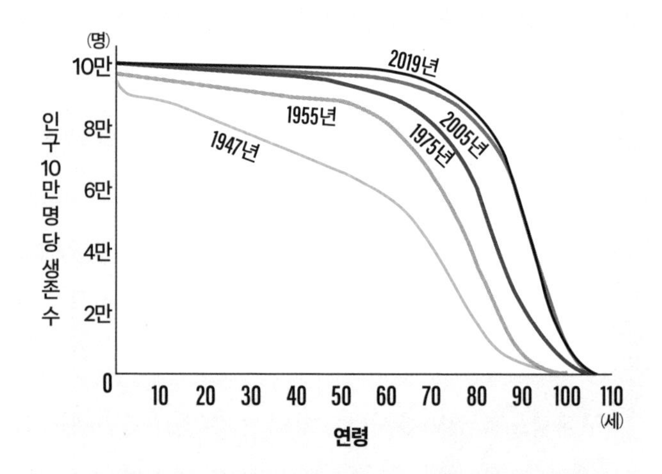

[그림 4-1] 전후 일본인의 생존 곡선의 변천
출처: 후생노동성 웹사이트의 자료를 바탕으로 작성

유아 생존율이 거의 100%에 가까워져서 그래프가 역방향으로 된 S자 형태를 그립니다. 이것은 청년에서 중년까지 인간이 거의 죽지 않게 됐다는 것을 가리키지요.

게다가 2005년, 2019년의 데이터에서는 85세부터 그래프가 급격하게 내려가는 모습 즉, 생존율이 하강(사망률이 증가)하게 됩니다. 이 구간은 대다수 인간이 사망하는 연령대로서 '생리적인 죽음'을 맞이하는 시기임을 나타냅니다. 다시 말하자면 사고가 아니라 노화에 의한 수명이지요. 이 생리적 죽음의 연령이 점점 늘어나고 있다(뒤로 늦춰지고 있다)는 것은 노화의 시작이 늦어지고 있음을 뜻합니다.

사실 생리적인 죽음의 시기를 생각할 때 평균 수명보다도 이 그래프의 형태가 더 중요합니다. 평균 수명은 영유아나 청년층의 사망률에 영향을 크게 받기 때문에 그것으로는 노화의 실태를 정확히 파악할 수 없습니다. 예를 들어 무로마치 시대의 평균 수명이 16세라고는 하지만 사람들 대다수가 16세에 죽는 것이 아니라 실제로는 40~50대까지 산 사람도 많이 있었을 것입니다.

그리고 이 그래프를 통해서 알 수 있는 또 한 가지 중요한 사실이 있습니다. 그건 수명이 늘어나면서 그래프가 점점 오른쪽으로 이동하고 있음에도 그래프의 오른쪽 하단은 항상 일정한 위치(105세 근처)에서 수렴한다는 사실입니다. 이는 일본인의 최장 수명에는 커다란 변화가 없음을 보여줍니다.

실제로 100살이 넘은 일본인이 매년 급속하게 증가하고 있습니다. 2002년에는 8만 명을 돌파했습니다. 그러나 일본에서 115세를 넘긴 사람은 이제까지 겨우 11명일 뿐이고, 전 세계를 통틀어도 40명이 채 안 됩니다. 이와 같은 통계를 토대로 분석해 보면 인간의 최대 수명은 115세 정도가 한계라는 것을 알 수 있습니다. 거꾸로 말하자면 인간은 이 나이까지는 살 수 있는 능력이 있다는 뜻입니다.

인간은 노화하여 병으로 죽는다

현대인은 사고로 죽거나 곤충이나 물고기처럼 프로그램된 수명으로 툭 끊어지듯 죽는 것과는 달리 '노화'라는 과정을 거쳐 죽게 됩니다. 노화는 세포 레벨에서 일어나는 불가역적인 즉, 되돌릴 수 없는 '생리 현상'입니다. 세포의 기능이 서서히 저하되어 분열이 일어나지 않게 되면서 곧 죽음에 이르게 되는 것이지요.

세포 기능의 저하나 이상은 암을 비롯한 다양한 질병을 일으키고, 현대인들은 표면적으로는 이런 질병에 의해 죽는 경우가 많은 것으로 보입니다. 그러나 실제로 가장 큰 사망 원인은 면역세포의 노화에 의한 면역력 저하나 조직 세포의 기능 부전에 의한 것입니다.

예를 들어 1981년 이후 일본인의 사망 원인 1위는 암 또는 노화에 따른 DNA의 변이에 의한 것이었습니다. 세포 증식과 관련한 유전자는 통상적으로 '적당한 수준'으로 제어되고 있어서 필요할 때 세포분열을 일으키고 필요가 없으면 바로 정지합니다. 암은 이 세포 증식 제어와 연관된 유전자에 변이를 일으켜서 제어 불능에 빠지게 하고 계속 증식하여 결국에는 온몸으로 퍼져서 결국 정상적인 조직까지 파괴해 버립니다.

이처럼 노화에 따른 DNA의 변이의 축적과 함께 암에

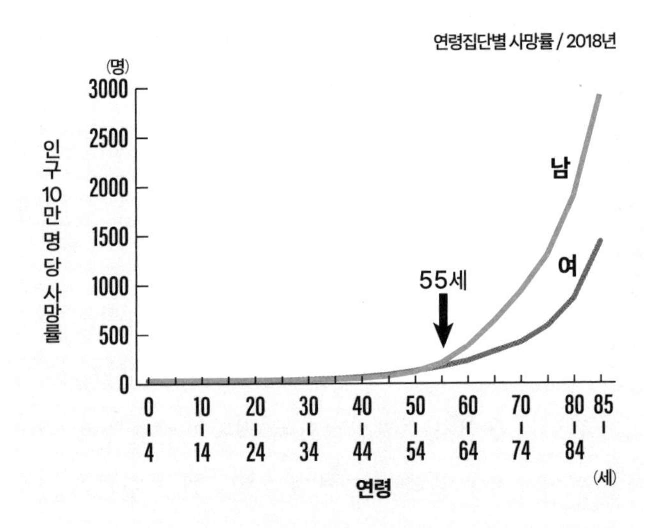

[그림 4-2] **연령에 따른 암 사망률**
출처: 국립암연구센터 암대책정보센터 자료를 바탕으로 작성

의한 사망률이 급상승하게 됩니다. 구체적으로는 55세 정도부터가 주의해야 할 시기입니다(그림 4-2). 이런 사실에서 판단하자면 '게놈의 수명은 55세'라고 할 수 있을지도 모르겠습니다.

일본인의 사망 원인

여기까지 일본인의 사망 원인 1위를 살펴보았습니다. 2019년 기준 일본인의 사망 원인 2위는 심질환, 그중에서도 가장 많은 것이 허혈성심질환(심근경색이나 협심증)입니다. 이는 주로 심장에 혈액을 보내는 혈관의 노화에 의해 일어납니다. 관동맥이 동맥경화에 의해 가늘어져서 심장으로 가는 혈류가 부족해지거나 완전히 막히면 심장 발작이 일어나서 심장이 정지하고 맙니다. 대부분의 돌연사가 심질환에 의한 것이지요. 동맥경화도 나이가 들면서 진행하는 노화 현상에 해당합니다.

동맥경화의 원인 중 하나인 혈관 내막의 콜레스테롤 축

적은 20대부터 시작되지만 혈관이 좁아지는 증상이 나타나는 동맥경화가 심각해지는 건 50대 후반부터입니다. 흡연 같은 생활 습관, 비만, 고혈압, 당뇨병 등도 동맥경화를 일으키지만 '노화는 혈관부터 시작된다'라는 말이 나올 정도로 혈관은 나이가 들면서 소모되기 쉬운 기관입니다.

2019년의 사망 원인 3위는 '노환'입니다. 노환은 병명이 아니어서 사망 진단서에 사망 원인으로 적지 않는 의사도 있지만, 재택 의료가 증가하고 병원이 아니라 자택에서 사망하는 일이 많아지면서 사망 원인을 특정 짓지 않고 '노환'으로 적는 경우가 늘어나고 있습니다. 어느 정도 고령에 이르면 하나가 아닌 여러 가지 원인에 의해 사망할 확률이 높아지므로 제 개인적으로는 직접적인 사망 원인을 특정 짓는 것이 그다지 중요하다고 생각하지 않습니다. 그저 '노환'으로 보아도 무방합니다. 노환은 노화에 의해 몸이 약해져서 죽음에 이른다(수명이 다한다)는 뜻입니다.

2019년의 사망 원인 4위는 '뇌혈관 질환'입니다. 이 질환은 암에게 선두 자리를 뺏기기 전까지만 해도 사망 원인 1위였습니다. 뇌혈관 질환은 심질환과 비슷한데, 이 역시

혈관 노화가 원인입니다. 혈관이 터져서 뇌세포를 파괴하는 경우(출혈성 뇌혈관 질환/뇌출혈이나 지주막하출혈)와 혈관이 막힘으로써 뇌세포에 산소와 영양을 전달할 수 없는 경우(허혈성 뇌혈관 질환/뇌경색 등) 두 가지가 있습니다. 뇌혈관 질환은 돌연사의 원인이 되지요. 고혈압, 동맥경화를 조장하는 생활 습관(흡연, 고도의 스트레스, 운동 부족 등)이 영향을 끼칩니다.

2019년의 사망 원인 5위는 폐렴입니다. 폐렴은 감염증, 혹은 음식물이나 타액이 기관으로 잘못 들어가는 오연誤嚥으로 발생하며, 노화에 의한 면역 기능이나 삼키는 힘 저하에 따른 영향도 큽니다.

이상에서 설명한 바와 같이 노화가 주된 원인이 되어 발생하는 세 가지 질병, 그리고 노쇠와 폐렴으로 약 70%의 사람이 사망하게 됩니다. 인간이 죽는 가장 큰 이유는 다시 말해 노화이지요.

진화의 열쇠는 '적당한 부정확성'

그렇다면 인간의 수명을 결정하는 '노화'란 대체 무엇일까요? 이 책에서 이제까지 이야기한 것처럼 '진화가 생물을 만들었다'라는 관점에서 보면 '죽음'도 진화에 의해 선택되어온 것이라 할 수 있습니다. 그렇다면 죽음에 이르는 과정인 노화에도 어떤 의미가 있지 않을까요? 그보다 도대체 노화는 왜 생기는 걸까요?

제2장에서 다세포생물의 탄생에 대해 설명했습니다. 단세포에서 다세포가 되어 조직과 기관을 만들 수 있게 되고, 생존 가능성을 높여 나갔던 생물도 있었습니다. 예를 들어 덩치나 키가 커짐으로써 먹이나 빛을 더 잘 얻게 되었지요. 그러나 생물의 가치를 '살아남는다'라는 관점에서 평가하자면 단세포생물에는 그 나름의 장점이 있습니다. 예를 들면 변이하기 쉽고 적응 능력이 뛰어나다는 점입니다. 단세포생물은 현재도 지구에서 그 수와 종류가 가장 많은 생물입니다. 따라서 단세포생물과 다세포생물 중 어느 쪽이 더 우월하고, 열등하다고 정할 수는 없습니다.

다세포생물은 다양한 조직과 기관을 가지고 있고 겉으로 보기에는 생존 능력이 뛰어난 것처럼 보이지만 약점도 있습니다. 그것은 다세포생물의 생존 능력이 조직으로서의 팀워크를 얼마나 잘 유지하느냐에 달려 있다는 점입니다. 인간을 예로 들어 그 탄생부터 노화, 그리고 죽음에 이르기까지의 과정을 살펴봅시다.

다세포생물도 원래는 한 개의 세포(수정란)에서 시작됩니다. 이게 몇 번이고 분열하여 세포의 수를 늘려가는 것이지요. 세포분열에서 가장 중요한 사건은 DNA 복제입니다. DNA는 생물의 유전정보인 유전자의 본체 즉, 설계도가 그려져 있는 '종이'에 해당합니다. 그리고 생물 하나의 전체 유전정보를 '게놈'이라고 합니다. 특히 생물 발생 초기 단계에서는 앞으로 신체 전체를 만들어가야 하는 만큼 설계도를 정확하게 복제해야 합니다.

여기서 중요한 건 DNA를 복제하는 DNA 합성 효소의 역할입니다. 이는 두 가닥 DNA 사슬 가운데 한 가닥을 주형鑄型으로 삼아 G에는 C, A에는 T가 염기쌍을 이루어 차례로 이어집니다(그림 4-3). 이 합성 반응을 양쪽 사슬에서 일으

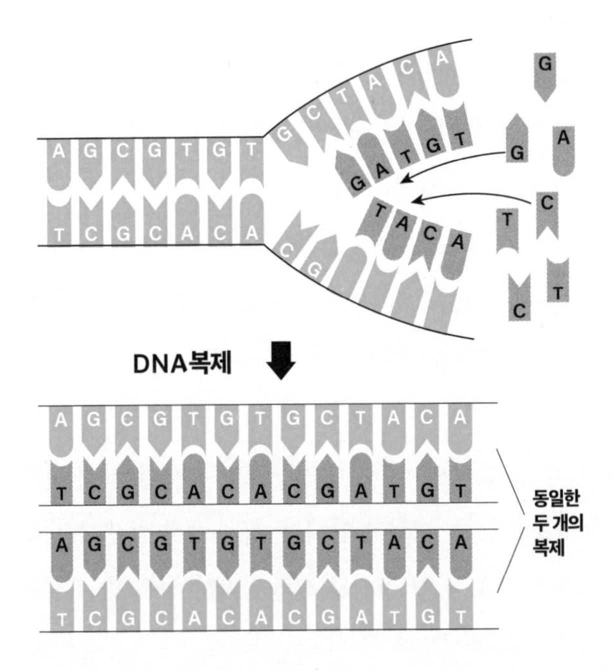

[그림 4-3] **DNA 복제 원리**
두 가닥 DNA 사슬이 풀려서 각각의 DNA에 대응하는 염기(옅은 회색)가 이어진다. 그러면 완전히 동일한 배열의 두 가닥 DNA 사슬이 두 줄 생긴다.

키기 위해 완전히 동일한 배열을 가진 두 가닥의 DNA 사슬이 두 줄 생겨납니다. 각각의 사슬이 새로운 세포에 분배됩니다.

주목할 만한 점은 이 DNA 합성 효소의 정확성입니다. 무려 10의 9승에 한 번, 다시 말해 10억 염기에 한 번 정도밖에 실수(에러)가 일어나지 않습니다. 인간의 세포에는 60억 개의 염기 쌍이 있는데, 한 번의 세포분열로 대략 10개 정도의 실수밖에 일어나지 않는다는 경이적인 정확도를 자랑하는 것이지요.

이런 대단히 정확한 합성 능력도 한 번에 완성된 게 아니라 진화 과정에서 서서히 그 정확도를 높여 나갔다고 말하는 게 좋을까요. 아니, 그보다는 더욱 정확한 것만이 선택되어 살아남았다고 말하는 편이 더 낫겠습니다.

다만 생물의 진화가 걸어온 길을 보았을 때 이 DNA 합성 효소의 정확성이 높다는 것이 언제나 좋은 일만은 아니었습니다. 생물이 탄생한 초기의 격렬하게 변화하는 환경 속에서는 오히려 정확성이 그리 높지 않고 다양성을 늘리는 편이 더 좋았을지도 모릅니다. 그러나 정확성이 너무 낮으면 그만큼 살아남지 못하는 비정상적인 세포만 만들 가능성이 커집니다. 그런데 지구 환경이 점차 안정되고 생물의 구조도 복잡해지면서 DNA 합성 효소의 정확성이 높은 편이 생존에 더 유리해졌습니다. 즉, 10억 염기에 한 번 정도 나오는 복제 실수라는 절묘하게 '적당한 부정확성'에 안착하게 됐던 것이지요.

이런 예를 드는 게 적합할지 모르겠습니다만, 어릴 적 흑백텔레비전 화면이 잘 나오지 않을 때 슬리퍼로 텔레비전을 가볍게 때리면 영상이 잘 나오곤 했습니다. 접촉 불량이 원인이었겠지요. 더욱 정밀해진 오늘날의 슬림형 OLED TV는 아마 슬리퍼로 때리면 고쳐지기는커녕 오히려 망가질지도 모릅니다. 그러니까 제가 하고 싶은 말은 너무 복잡하면 개량이나 개선이 간단하지 않다는 것입니다. 또한 너무 정확해도 다양성을 잃게 되지요. 흑백텔레비전을 몇만 번이나 때려도 컬러텔레비전이 되지 않는 것처럼 말이지요.

나중에도 언급하겠지만 이 DNA 합성 효소의 '정확성'이나 '적당한 부정확성'은 노화에도 중요한 의미를 가집니다.

노화는 언제 일어나는가?

이야기가 빗나갔습니다. 원래의 이야기로 돌아갑시다. 세포분열을 거듭하여 세포 수가 늘어나면 각각의 세포가 서로 다른 역할을 가지게 되면서 몸의 형태를 만들어갑니다. 이것이 세포의 '분화'입니다. 이 세포 분화과정, 즉 조직과 기관이 만들어지는 과정에서 세포는 대략 세 종류로 나뉩니다.

첫 번째는 조직이나 기관을 구성하는 세포(체세포)입니다. 수로 따지자면 제일 많은 세포인데, 세포가 분열할 때마다 노화하다가 이윽고 그 역할을 다합니다. 인간의 체세포는 약 50회 분열하면 분열 작용을 멈추고 죽음에 이릅니다.

두 번째 세포는 '줄기세포'입니다. 줄기세포는 세포 수가 줄어서 조직을 유지하기 어려울 때 없어진 세포를 공급하는 역할을 합니다. 예를 들어, 피부 줄기세포는 표피 아래의 진피에 존재하고, 새로운 피부 세포를 계속 공급합니다. 그래서 매일 목욕하면서 몸을 박박 문질러 씻어 낡은 세포가 때로 제거되어도 팔이 가늘어지지 않는 것이지요. 이러한 세포 노화, 그리고 새로운 세포로의 교체는 아기에게도 일어납니다.

마지막 세 번째 세포는 난자와 정자를 만드는 생식 계열의 세포입니다. 줄기세포와 생식세포는 평생 생존하지만 서서히 노화합니다. 생식세포가 노화하면 수정 확률이나 발생 확률이 낮아집니다. 줄기세포가 노화하면 새로운 세포를 공급하기 힘들어지기 때문에 온몸의 기능에 지장이 옵니다. 나이가 많아지면 상처가 빨리 낫지 않거나 세균에 쉽게 감염되거나 신장이나 간 같은 내장 기능이 저하되는 이유가 이 때문이지요. 즉, 줄기세포의 노화는 생물 개체 노화의 주요 원인 중 하나입니다.

세포가 노화하면 몸도 노화한다

수정란이 분열하고 분화해서 기관의 형성이 이루어지고 몸이 완성되면 남은 건 낡은 세포를 새로운 것으로 교체하는 반복 작용뿐입니다. 교체 주기는 조직에 따라 다릅니다. 제일 짧은 것은 장관腸管 내부 표면의 주름에 있는 상피세포로서 며칠 내에 교체됩니다. 피부가 4주, 혈액이 4개월, 제일 긴 것은 뼈세포로 4년에 걸쳐 모두 교체되지요.

그래서 인간 몸의 세포는 4년마다 대부분 새롭게 바뀌어서 '딴 사람'이 되어버리는 겁니다. 물론 사실 그대로 말하자면 그렇게 극단적인 변화는 아니고요. 노화한 세포부터 서서히 차례차례 교체되기에 모습이 변하지는 않습니다.

덧붙이자면 체세포라도 예외적으로 교체를 하지 않는 조직이 있습니다. 심근세포와 신경세포입니다. 심장을 움직이는 심근세포는 태어난 이후부터 굵어지고 커지는 일은 있어도 그 수가 줄어드는 일은 없습니다. 뇌와 척수를 중심으로 온몸에 신호를 보내는 신경세포는 유소년기 때 제일 많고, 그 후로는 기본적으로 줄어들기만 하지요. 만약 뇌의 신경세포가 교체되기라도 하면 기억을 유지할 수 없으니 큰일일 테니까요. 마음(심장과 뇌)은 평생 변하지 않습니다!

심장과 뇌는 상처를 입으면 그걸로 끝이지만 다른 조직은 줄기세포가 새로운 세포를 만들어내기 때문에 항상 젊음을 유지할 수 있습니다. 그러나 실제로는 나이를 먹어감에 따라 기능이 점점 저하됩니다.

그 이유 중 하나가 바로 줄기세포의 노화입니다. 새로운 세포를 공급할 때, 줄기세포는 두 개로 분열해서 하나는 줄기세포, 또 하나는 피부 세포를 만듭니다. 피부 세포는 또 두 개로 분열해서 이번에는 두 개의 피부 세포를 만들지만 줄기세포로 다시 돌아가지는 않습니다. 줄기세포는 기본적으로 항상 일정량을 유지하고 있습니다.

그러나 나이를 먹어감에 따라 줄기세포도 노화합니다. 노화한 줄기세포는 분열 능력이 떨어지면서 충분한 세포를 공급할 수 없게 됩니다. 가장 크게 영향을 받는 것은 새로운 세포를 많이 필요로 하는 혈액과 면역세포를 만드는 조혈 줄기세포 등입니다. 면역에 관한 세포 생산 기능이 떨어지면 감염된 세포나 이상 세포를 제거할 수 없게 되지요.

노화 세포는 '독'을 방출한다

또 한 가지, 나이를 먹으면서 조직 기능이 저하되는 원인은 노화한 체세포가 뿜어내는 '독'입니다.

조직의 세포를 교체하기 위해서는 새로운 세포를 공급할 뿐 아니라 노화한 낡은 세포를 제거해야 합니다. 노화 세포는 두 가지 방식으로 제거됩니다. 첫째, 세포 자신이 '아포토시스apoptosis'라는 세포사cell death를 일으켜 내부에서 분해되어 부서지는 방식입니다. 둘째, 면역세포에 의해 잡아먹혀 제거되는 방식입니다. 그런데 나이를 먹은 개체의 노화 세포는 이러한 방식으로 제거되기 어려워져서 그대로 조직에 머무는 경향이 생깁니다.

이 노화한 잔류 세포가 문제인데, 주변에 사이토카인cytokine이라는 물질을 뿌려대기 때문입니다. 원래 사이토카인은 세포가 다치거나 세균에 감염되었을 때 그것을 제거하기 위해 염증반응을 유도하여 면역 기구를 활성화하는 역할을 합니다. 그러나 사이토카인이 조직의 노화 세포에서 방출되는 경우에는 염증반응이 지속적으로 일어나고 그 때문에 장기 기능이 저하되어 당뇨병, 동맥경화, 암 등의 원인이 됩니다.

즉, 노화 세포가 제거되지 않은 채로 남아 있으면 조직을 해치고 기관의 기능을 저하시킨다는 뜻입니다.

생쥐를 대상으로 진행한 흥미로운 실험을 하나 소개합니다. 네덜란드의 연구팀이 2017년에 발표한 논문입니다. 생쥐도 나이를 먹으면 제거되지 않는 노화 세포가 조직에 쌓이게 됩니다. 이 잔류 노화 세포의 세포사를 유도하지 못하는 이유는 지금까지 연구를 통해 잘 알려져 있습니다. 세포사를 유도하기 위해서는 p53이라는 단백질이 세포질에서 핵 안으로 이동해야 하는데, 노화 세포에서 다량으로 발생하는 FOXO4(폭소 4)라는 단백질이 그 이동을 방해하기 때문입니다.

그때 FOXO4가 p53을 방해하지 않도록 p53의 결합 부위에 붙는 작은 단백질(펩타이드)을 합성하여 그걸 늙은 쥐에 투여했습니다. 그러자 예상대로 p53가 세포핵 안으로 이동하여 세포사를 유도할 수 있게 되었습니다.

펩타이드를 투여하여 노화 세포가 제거된 늙은 쥐는 신장과 간 기능이 회복되면서 운동 능력이 향상되었고 털도 수북하게 돋아났습니다. 이 얼마나 놀라운 일입니까!

쥐뿐만 아니라 인간도 낮은 체내 염증반응과 장수가 관

련되어 있다는 사실이 알려져 있습니다. 나이를 먹으면서 일어나는 노화 현상의 원인 중 하나가 이 제거되지 않는 노화 세포에 있는 듯합니다. 인간에게 이 펩타이드를 사용하는 일의 안전성과 유효성에 대해서는 현재 연구 중입니다.

이처럼 체세포의 기능 저하가 신체 조직의 움직임을 저해하여 결국 뇌나 심혈관, 간 기능이나 신장 기능을 떨어뜨려서 인간을 '늙은' 상태로 만들어 죽음으로 내모는 것입니다.

세포는 약 50회 분열한 뒤 죽는다

이제 노화한 세포가 신체 조직에 나쁜 영향을 끼친다는 사실을 알게 됐습니다. 그런데 도대체 왜 나이를 먹음에 따라 세포 노화가 일어나는 걸까요? 이 메커니즘에 대해 생각해 봅시다.

앞에서 분화한 세포는 50회 정도 분열하면 노화하여 죽는다는 이야기를 했습니다. 이는 60여 년 전에 미국의 레너드 헤이플릭이라는 생물학자가 조직에서 추출한 인간의 세포를 페트리 접시에서 배양했을 때 발견한 현상입니다. 그보다 더 흥미로운 사실은 세포를 제공한 사람의 나이에 따라 세포가 몇 번 분열할 수 있는지 대체로 정해져 있다는 점이었습니다.

상상력이 풍부한 독자들이라면 이미 알아차리셨겠지만, 고령자로부터 채취한 세포는 분열 횟수가 50회보다 적어집니다. 이미 세포가 분열할 수 있는 횟수를 몇 차례 써버렸기 때문이지요.

이 '분열 횟수 제한' 법칙을 발견할 당시만 해도 많은 연구자가 이것에 노화나 수명의 비밀이 숨겨져 있다고 예상하고 흥분했습니다. 그러나 이러한 메커니즘 즉, 왜 연령에 따라 세포 분열 횟수에 차이가 나는가에 대해서는 좀처럼 해명되지 않은 채 한동안 수수께끼로 남아 있었습니다.

DNA 복제의 두 가지 약점

여기서 앞서 설명한 DNA 복제가 다시 등장합니다. DNA의 복제는 매우 정확하긴 하지만 아주 완벽하지는 않고 두 가지 큰 약점이 있습니다. 한 가지는 앞서 언급한 10억 염기에 한 번 정도 일어나는 복제 실수, 그러니까 에러의 축적입니다. 이로 인해 노령 개체일수록 게놈에 변이를 많이 품고 있게 됩니다. 이건 나중에 자세히 설명하도록 하겠습니다.

또 한 가지 약점은 염색체 말단의 DNA 복제입니다. DNA 합성(복제)이 일어날 때 끝부분을 복제할 수 없다는 문제가 있습니다. DNA 합성 효소가 복제를 시작할 때 우선 주형이 되는 DNA에 상보적인 프라이머primer(시발체)라고 불리는 짧은 RNA가 필요합니다. 상보적이라는 건 예컨대 〈5′-GATC-3′〉라는 배열이 있는 경우, 거기에 상보적인 배열은 〈3′-CUAG-5′〉가 됩니다. 합성 반응은 이 짧은 RNA의 3′ 끝부분을 이어나가는 형식으로 이어집니다(그림 4-4).

단, DNA의 합성 효소는 합성할 수 있는 방향이 5′→3′으로 정해져 있습니다. 그래서 두 가닥 DNA 사슬을 복제할

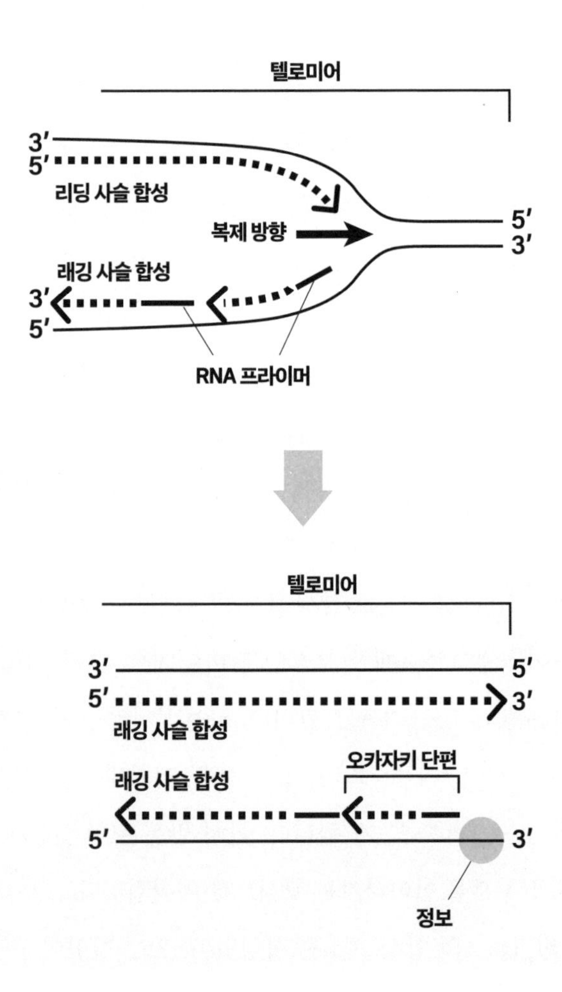

[그림 4-4] **DNA 합성에서는 끝부분을 복제할 수 없다**

때 한쪽 사슬(3′→5′ 방향)을 주형으로 한 경우는 합성 방향과 같은 방향으로 나아가면 그대로 염색체 끝부분까지 합성할 수 있지만[선도 가닥leading strand 합성이라고 함], 반대쪽 사슬을 주형으로 한 경우에는 순순히 합성 방향으로 진행할 수가 없습니다. 이것의 해결 방법으로서 RNA 프라이머를 앞부분에 합성하고, 거기서부터 되돌아가면서 짧은 DNA 합성을 작업을 반복하게 됩니다[지연 가닥lagging strand 합성이라고 함]. 이 짧은 DNA 단편을 '오카자키 단편'이라고 부릅니다. 참고로 오카자키 단편은 1967년에 일본 나고야대학교의 오카자키 레이지가 발견했습니다. 그 후, RNA 프라이머는 제거되어 DNA에 매몰되고 마지막으로 이어지면서 합성이 종료됩니다.

그러나 문제는 이 짧은 DNA는 염색체의 맨 끝 부분에서는 만들 수 없다는 점입니다. 왜냐면 RNA 프라이머 설치가 어렵고 설령 아슬아슬하게 끝자락에 설치했다고 하더라도 프라이머 부분을 DNA로 치환할 수 없기 때문입니다(그림 4-4). 그래서 DNA 복제가 이루어질 때마다 즉, 세포분열을 할 때마다 염색체 끝(5′)이 프라이머의 양만큼 짧아집니다.

실제로 젊은 사람과 나이 든 사람이 가진 염색체 끝부분의 반복된 배열[텔로미어telomere라고 함]의 길이를 비교하면 젊은 사람이 다소 길다는 보고도 있습니다. 그러나 개인차도 크기 때문에 더욱 검증이 필요하겠지요.

텔로미어가 세포의 노화 스위치를 켠다

그럼 여기서 다시 의문이 생깁니다. DNA 복제가 이루어질 때마다 DNA의 끝부분이 짧아진다면 염색체가 점점 작아져서 거기에 있는 유전자를 잃게 되어 생물은 결국 살 수 없게 되는 게 아닐까 하는 의문입니다. 실제로는 그렇지 않으므로 뭔가 염색체의 끝부분을 늘리는 다른 작용이 있는 게 분명합니다.

이 '염색체 끝부분이 복제할 때마다 짧아지면 어쩌지?' 하는 의문은 테트라히메나라는 짚신벌레 비슷한 생물의 연구를 통해 해결되었습니다.

테트라히메나는 단세포 진핵생물(원생생물)로서 세포

안에는 크고 작은 두 개의 핵을 갖고 있습니다. 대핵의 유전자가 발견되면서 소핵은 '생식핵'이라고 불리게 되었습니다. 소핵은 두 개의 세포가 접합(유성생식)할 때 상대 세포와의 교환에 사용됩니다(그림 4-5). 대핵도 원래는 소핵에서 생긴 것이어서 대핵과 소핵에 포함된 유전자는 동일합니다. 다만 다른 점이 있다면 대핵 염색체는 잘게 분단되고, 분단된 염색체가 몇 번이고 복제되어서 몇만 개까지 증폭된다는 것입니다. 즉, 많은 미니 염색체가 존재한다는 뜻이지요. 그래서 염색체 끝부분의 수가 많고, 각각의 끝부분마다 텔로미어 구조를 만들어낼 수 있습니다.

테트라히메나의 텔로미어는 염색체를 복제해도 짧아지지 않으므로 분명히 어떤 시스템이 작동하고 있을 겁니다. 미국 생물학자인 엘리자베스 블랙번의 연구팀은 테트라히메나의 텔로미어를 연구한 끝에 텔로미어를 늘리는 작용을 하는 텔로미어 합성 효소인 텔로머레이스telomerase를 발견했습니다. 그와 동료들은 그 공적을 인정받아 2009년 노벨 생리의학상을 받았지요.

테트라히메나의 텔로미어는 'TTGGGG'라는 짧은 염

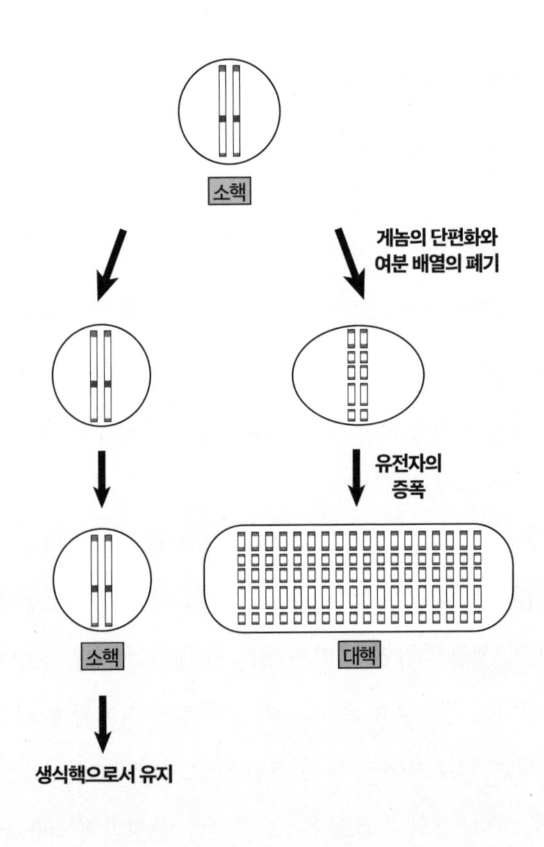

[그림 4-5] 테트라히메나는 대핵 속에서 유전자가 증폭한다

기서열이 반복되는 구조를 갖고 있습니다(참고로 인간의 텔로미어는 TTAGGG 염기서열이 반복됩니다). 테트라히메나의 텔로미어는 많은 단백질이 결합하여 특수한 구조를 취하고 있으므로 분해되지 않으며 다른 염색체와 이어지는 것도 막고 있습니다.

텔로미어의 길이가 짧아지면 염색체는 제 기능을 하지 못하게 되어 세포에 이상이 생깁니다. 그런 문제를 방지하기 위해 텔로미어 합성 효소가 활약하는 것이지요(그림 4-6). 텔로미어 합성 효소는 텔로미어의 반복 염기서열을 만들기 위한 주형으로서 텔로미어 RNA를 갖고 있습니다. 그 RNA 덕분에 염색체가 짧아지지 않는 것이지요.

흥미롭게도 이 텔로미어 합성 효소는 인간의 체세포에서는 나타나지 않습니다. 그래서 세포분열을 할 때마다 인간의 체세포 속 텔로미어는 짧아지게 되지요. 텔로미어가 본래 길이의 절반이 되면 거기서부터 신호가 발생하여 세포의 노화 스위치가 켜집니다. 이 텔로미어 단축으로 인한 노화의 유도야말로 레너드 헤이플릭이 발견한 세포분열 횟수를 제한하는 메커니즘의 정체였던 것입니다.

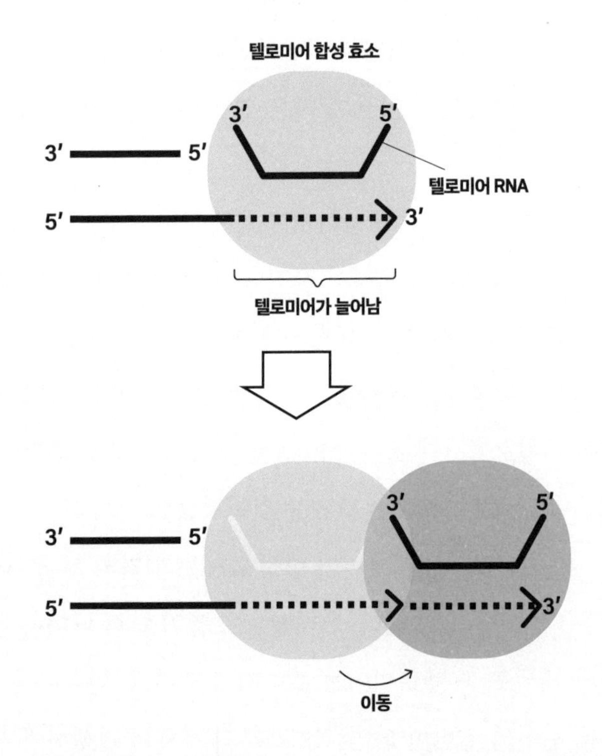

[그림 4-6] **끝부분을 늘리는 텔로미어 합성**
텔로미어 합성 효소 속에 있는 텔로미어 RNA가 텔로미어의 반복 염기서열을 만드는 주형이 된다. 이 작용에 의해 염색체는 짧아지지 않는다.

실제로 조직에서 떼어내어 분화한 세포를 배양하면 통상적으로는 수개월 만에 노화하여 죽어버리지만, 텔로미어 합성 효소를 강제적으로 발현시켜 텔로미어가 짧아지지 않도록 만들면 세포는 50회보다 더 많이 분열할 수 있게 됩니다.

텔로미어와 개체의 노화는 상관이 없다?

인간 몸 세포의 대부분을 차지하는 체세포의 텔로미어는 분열할 때마다 짧아집니다. 그런데 모든 세포의 분열 횟수가 딱 50회로 정해져 있다면 순식간에 모든 것이 노화하고 말겠지요. 긴 수명을 유지하기 위해 인간의 세포에도 텔로미어 합성 효소가 나타나고 텔로미어가 짧아지지 않는 장수 세포도 필요합니다. 바로 그 대표적인 것이 줄기세포와 생식세포지요.

분화한 세포(체세포)가 점차 노화하여 제거되어도 줄기세포가 항상 새로운 세포를 만들어내고 보충해 줍니다. 한 평생 계속 사는 줄기세포의 텔로미어는 텔로미어 합성 효소에 의해 항상 늘어나고 유지됩니다. 그러나 줄기세포의 경우에도 나이를 먹음에 따라 텔로미어 합성 효소의 활성이 저하되어 조금씩 텔로미어가 짧아지고, 그에 따라 새로운 세포의 공급이 점점 줄어들게 됩니다.

생식 계통의 세포도 줄기세포와 마찬가지로 텔로미어 합성 효소의 작용으로 텔로미어의 길이가 유지됩니다. 생식세포는 다음 세대로 생명을 잇는 소중한 세포이기 때문에 노화는 가급적 억제됩니다. 따라서 갓 태어난 아기의 모든 세포가 가진 텔로미어는 완전히 리셋된 상태여서 길이가 길지요.

텔로미어 합성 효소의 기능을 조사한 연구가 있습니다. 세계의 몇몇 연구실에서 텔로미어 합성 효소 유전자를 파괴한 생쥐(녹아웃 마우스)가 제작되었습니다. 쥐는 앞서 말한 것처럼 '잡아먹혀 죽는' 환경 속에서 진화를 거듭해 왔기 때문에 항노화 작용이 인간과 다를 가능성이 있습니다. 그래서 녹아웃 마우스를 대상으로 한 연구 결과를 인간의 '노화 모델'에 그대로 적용할 수는 없지만, 그 차이를 염두에 두고 연구를 진행하면 됩니다.

이 녹아웃 마우스가 어떻게 되었나 하면요. 물론 건강히 잘 태어나줬습니다. 사실 쥐의 텔로미어는 인간의 다섯 배 정도 더 깁니다. 그래서 녹아웃 마우스는 텔로미어 길이가 줄더라도 그 영향을 적게 받고 세포나 개체의 수명에 지장을 받지 않았습니다. 처음에 연구자들은 텔로미어 합성 효소 따위 필요 없는 걸까 하고 고개를 갸웃했지만, 놀랍게도 이 녹아웃 마우스를 번식시켜 몇 대째가 되도록 길러 보니 5대째부터는 텔로미어가 짧아지면서 이상 현상이 발견되었습니다.

가장 두드러진 변화는 생식세포에서 나타났습니다. 난자와 정자의 수가 격감한 것이죠. 또한 줄기세포의 활동이 저하되어 피부나 장관이 수축하는 등 노화한 것 같은 증상이 생겨났습니다. 역시 텔로미어가 짧아진 영향이 나타난 것입니다.

다만, 녹아웃 마우스가 아닌 보통 쥐의 경우에는 노화해도 텔로미어가 짧아지는 현상이 나타나지 않습니다. 그래도 쥐는 보통 2~3년이 지나면 노화해서 죽기 때문에 보통 쥐의 노화나 수명에 텔로미어가 짧아져서 생기는 영향은 전혀 없거나 혹은 매우 적을 것으로 추정됩니다.

인간도 고령자의 텔로미어가 극단적으로 짧은 것은 아닙니다. 따라서 페트리 접시에서 배양한 세포의 텔로미어가 짧아지는 현상과 실제 세포 노화의 관계는 개체 수준에서는 아직 명확하게 밝혀져 있지 않습니다. 텔로미어가 짧아지면 세포가 노화한다는 사실은 밝혀져 있지만, 노화에는 텔로미어가 짧아지는 현상 외에도 다양한 요인이 작용하는 것으로 보입니다.

세포 노화는 왜 필요한가?

쥐의 사례에서도 보았듯이 세포 노화의 메커니즘을 텔로미어만으로 설명할 수는 없고, 아직도 불분명한 점이 많습니다. 그러나 분화한 인간 세포는 분열할 때마다 텔로미어가 짧아져서 어느 정도 이하의 길이가 되면 노화를 유도한다는 사실만큼은 확실합니다. 그렇다면 왜 분화한 세포는 줄기세포에서 나타난 텔로미어 합성 효소의 작용을 일부러 막아서 노화를 유도하는 아까운 짓을 하는 걸까요?

바꿔 말하면, 왜 세포를 노화시킬 필요가 있을까요?

자, 그럼 이쯤에서 이 책의 중요한 관점 가운데 하나인 '진화가 생물을 만들었다'라는 명제로 되돌아가 봅시다. 노화라는 성질을 가진 개체가 선택을 받고 살아남았다는 전제에서 보면 이렇게 세포를 버리는 쓸데없어 보이는 행위에도 어떤 의미가 있을 것입니다.

사실 이 '노화의 의미'에 대해서는 몇 가지 방향으로 생각해 볼 수 있습니다. 여기서는 일반적인 설부터 소개해 보도록 하겠습니다.

만약 세포가 늙어 죽지 않으면 어떻게 될지 상상해 봅시다. 세포의 대체가 일어나지 않기 때문에 몸에는 점점 낡은 세포가 쌓이게 됩니다. 그리고 시간이 지나면서 세포 속 구성 성분도 질이 저하되겠지요.

예를 들어 세포가 살아가려면 에너지를 만들어야 합니다. 구체적으로는 세포 안에서 미토콘드리아가 산소 호흡을 해서 당을 '태워' 에너지를 만들어내는 작업이 필요합니다.

이때 부산물로서 반드시 산화력이 강한 '활성산소'가 발생합니다. 활성산소는 림프구가 세균 등의 침입자를 살균·분해할 때마다 유용하게 사용되지만, 세포의 구성 성분(단백질, 핵산, 지질)을 산화시켜, 즉 녹슬게 하여 망가뜨린다는 부작용도 있습니다. 물론 세포에는 이렇게 생긴 녹을 제거하는 기능도 갖춰져 있지만, 그 기능 자체도 점점 녹슬어 가기 때문에 세포의 기능은 시간이 지남에 따라 점점 저하되지요.

이때 기능이 저하된 세포가 그대로 조용히 움직이지 말고 죽으면 좋을 텐데, 개중에는 이상 상태를 드러내는 것이 나타납니다. 가장 골치 아픈 게 바로 암화癌化입니다. 인간의 몸에는 약 37조 개의 세포가 있고, 그중 하나라도 암세포가 살아남아 그대로 계속 증식하면 그 개체는 죽습니다. 즉, 다른 모든 세포가 죽어버릴 수 있다는 것이지요.

이 암화는 다세포생물이 가진 최대 위험이자 숙명이라고 해도 과언이 아닙니다. 참고로 단세포생물은 세포에 이상이 생겼을 때 이상이 생긴 그 세포 하나만 죽습니다.

암은 게놈의 변이로 인해 발생합니다. 게놈 변이는

DNA 합성 효소의 실수 등에 의해 분열할 때마다 쌓여갑니다. 그러는 사이, 세포 증식 제어에 관여하는 유전자가 망가지면 제어 불능에 빠져 점점 세포가 증식해서 결국 암을 일으킵니다.

이것은 확률의 문제라서 변이가 쌓이면 쌓일수록 암화의 확률은 확실히 높아집니다. 앞서 언급한 것(그림 4-2)처럼 인간의 경우 55세부터 암에 의한 사망률이 급격하게 상승하는데, 이는 그 나이가 되면 게놈의 변이가 그만큼 많아질 수 있다는 방증입니다.

암화의 위험을 피하는 두 가지 기능

생물은 다세포화로 가는 진화 과정에서 암화의 위험을 최소화하기 위해 모든 세포에 대한 품질 관리quality control 기능을 획득했습니다. 즉, 품질 관리 기능을 가진 생물이 선택적으로 살아남았던 것이지요. 이 품질 관리 기능은 두 개의 메커니즘이 지탱하고 있습니다. 하나는 면역 기구고, 또 하나는 세포 노화 기구입니다.

면역 기구는 외부에서 침투하는 세균이나 바이러스 등의 침입자뿐 아니라 노화한 세포나 암세포 등 이상 세포도 공격해서 제거하는 역할을 합니다. 이런 이상 세포는 시그널 인자因子를 뿜어서 대식세포Macrophage나 T세포 등의 면역세포를 활성화함으로써 마치 이들에게 자신을 공격해서 먹어달라는 듯 재촉하고, 결국에는 이들에 의해 제거됩니다. 이것은 정상적인 생리 작용으로서 우리 몸 안에서 항상 일어나고 있는 반응입니다.

그러나 면역세포가 모든 이상 세포를 깔끔하게 제거해주는 것은 아닙니다. 암세포가 여전히 골칫거리로 남아 있죠. 암세포는 변이를 통해 정상 세포인 척 행동하고, 면역세포를 억제하는 작용[면역 관문immune checkpoint]을 함으로써 공격을 회피하기도 합니다. 면역 관문으로 유명한 PD-L1은 암세포 표면에 존재하는 단백질입니다(그림 4-7). PD-L1을 가진 암세포에 면역세포(T세포)가 달라붙으면, 암세포로 인식되지 않고 공격받지도 않습니다. 이에 따라 암세포가 점점 증식하게 되는 것입니다.

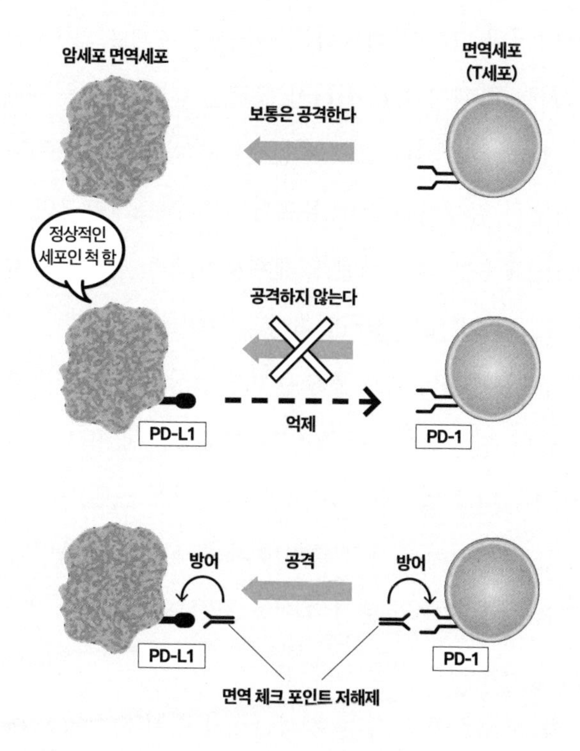

[그림 4-7] 암세포의 PD-L1에 의한 면역 억제

여기서 이 성질을 역으로 이용하여 개발된 항암제가 바로 '면역 관문 억제제'라는 신약입니다. 구체적으로는 PD-L1이나 그것과 결합하는 면역세포(T세포)의 PD-1을 인식하는 항체이지요. 이러한 항체는 면역 관문을 억제하고 T세포를 활성화함으로써 암세포를 공격합니다. PD-L1이 발생한 암세포에 특히 유효합니다. 교토대학교의 혼조 다스쿠 교수는 면역 관문 억제제를 이용한 '암 면역 치료' 개발로 2018년 노벨 생리의학상을 수상했습니다.

다세포생물의 세포 품질 관리를 담당하는 또 하나의 메커니즘이 '세포 노화 기구'입니다. 면역 기구는 이상 세포를 찾으러 다니고 발견해서 제거합니다. 이에 반해 세포 노화 기구는 텔로미어를 예로 들자면 세포가 분열할 때마다 짧아져서 일정 횟수의 분열 후에는 노화를 유도하여 세포의 무한 분열을 막는 역할을 합니다.

즉, 세포 노화 기구는 활성산소나 변이 축적에 의해 이상을 일으킬 가능성이 큰 세포를 이상이 일어나기 전에 미리 제거하고 새로운 세포로 교체하는 매우 중요한 작용을 한다는 뜻이지요. 그럼으로써 암화의 위험을 억제하는 것입니다. 앞서 던진 "왜 분화한 세포는 텔로미어 합성 효소 작용을 일부러 막아 노화를 유도하는 아까운 행위를 하는가?"라는 의문에 대한 답이 바로 이것입니다.

줄기세포도 노화한다

텔로미어는 세포의 분열 횟수를 세고 그것을 제한하는 '리미터limiter'로서 작용하는데, 이것은 분화한 세포에서도 마찬가지입니다. 그 덕분에 이상 현상이 발생하기 전에 세포를 새로운 것으로 교체할 수 있다고 짐작됩니다. 이것은 몸에서 채취한 세포를 시험관 속에서 분열할 수 있는 횟수에 제한이 있다는 점, 그리고 그 분열 횟수의 한계가 텔로미어 합성 효소를 작용시키면 바로 해제된다는 점을 통해 추측할 수 있습니다.

그러나 모든 세포가 똑같이 다치기 쉽고 이상 현상을 일으킬 위험성이 있다는 것은 아닙니다. 또 몸속에서 노화한 세포의 텔로미어가 실제로 짧아지고 있는지도 아직 제대로 밝혀지지 않았습니다. 사실 영장류의 수명과 실제 텔로미어의 길이는 별로 관련이 없다고 알려져 있습니다. 생물의 몸은 그렇게 단순하지 않지요.

신진대사가 활발한 세포는 더욱 많은 활성산소를 뿜어냅니다. 피부 세포는 내장 세포에 비해 더 많은 자외선과 방사선에 노출되지요. 장이나 폐 세포는 외부에서 온 유해한 화학 물질을 접하기 쉽겠지요. 이런 세포는 텔로미어가 분열할 때마다 짧아져서 한계에 도달하기 전에 이상 현상을 일으킬 가능성이 있습니다. 그렇다면 예방책으로서 텔로미어의 의미가 없겠지요.

그래서 세포는 DNA에 상처가 발생했을 때 이를 감지하여 세포 노화를 유도하는 기구(데미지 센서)를 갖추고 있습니다. 이 데미지 센서가 실제로 세포 노화 유도에 더 큰 공헌을 하는 것 같습니다. 앞에서도 언급했지만, 특히 새로운 세포를 만드는 줄기세포나 생식세포는 원래 텔로미어가 짧아지는 현상이 거의 없고, 리미터가 작동하지 않기 때문에 분열할 때마다 게놈에 상처가 쌓입니다. 거기서 분화하여 생기는 세포도 손상된 DNA를 가진 줄기세포에서 만들어지므로 이 또한 텔로미어의 노화 스위치가 켜지기 전에 먼저 데미지 센서가 켜져서 노화를 일으킵니다.

줄기세포에 축적된 상처가 세포 기능을 서서히 저하시키면 새로운 세포를 공급하는 능력도 떨어지고, 노화한 세포를 건강한 세포로 교체할 수도 없게 됩니다. 한마디로 조직 기능이 떨어져서 결국 인간을 죽음으로 이끄는 것이지요. 즉 '줄기세포의 노화'가 개체의 노화를 일으키는 것입니다.

노화가 빠르게 진행되는 병과 원인 유전자

조기 노화증이라는 인간의 수명이 짧아지는 잠성潛性(열성) 유전병이 있습니다. 잠성이라 함은 그 유전자를 아버지, 어머니 양쪽에서 물려받지 않으면 증상이 나타나지 않는다는 것을 의미합니다. 즉, 아버지나 어머니 어느 한쪽으로부터 현성顯性(우성) 유전자를 물려받았을 경우 '숨어서' 겉으로 드러나지 않게 되지요.

조기 노화증은 통상 사춘기부터 급속히 노화가 진행되어 50세 정도에 사망하는 경우가 많습니다. 현재까지 일곱 종류의 주요 조기 노화증이 확인되었고, 그 원인 유전자도 이미 밝혀졌습니다(그림 4-8).

흥미롭게도 다운증후군을 제외한 모든 조기 노화증의 원인 유전자는 DNA의 상처를 낫게 하는 복구 효소 유전자의 변이입니다. 다시 말해, DNA 복구가 제대로 이루어지지 않아서 노화가 빠르게 진행되는 것입니다. 특히 베르너 증후군, 블룸 증후군, 로트문드-톰슨 증후군의 원인 유전자는 대장균의 'RecQ'라고 불리는 복구 효소의 유사 유전자[호모로그homologue]입니다. 따라서 이들 유전자는 세균과 인간의 공통된 조상, 즉 태곳적 생물이 DNA를 유전물질로서 사용하기 시작했을 때부터 줄곧 가지고 있던 중요한 유전자로 보입니다.

이 효소에는 두 가닥 DNA 사슬을 풀어 복구 효소가 활동하기 쉽게 하는 작용이 있습니다. 세포가 분열하기 전에 DNA를 합성하는 시기에 DNA 합성 효소가 어떤 원인으로 멈추게 되면 거기서 DNA의 절단이 발생할 수 있습니다. 중

조기노화증의 종류와 원인 유전자

질환명	원인 유전자
베르너 증후군	WRN 헬리카제(수복 효소)
허친슨-길포드 프로제리아 증후군	라민 A(수복 관련 효소)
코케인 증후군	CSA 등(수복 효소)
블룸 증후군	BLM 헬리카제(수복 효소)
색소성건피증	NER 관련 유전자(수복 효소)
로트문드-톰슨 증후군	RecQL4 헬리카제(수복 효소)
다운 증후군	21번 염색체 트리소미

[그림 4-8] 조기 노화증의 원인은 DNA 복구 기능의 저하

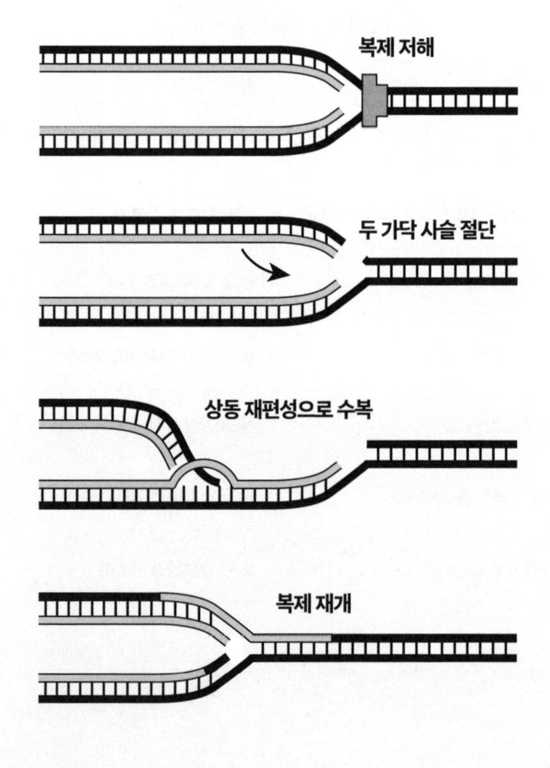

[그림 4-9] DNA 복구 기구

간에 걸린 바지 지퍼를 억지로 끌어올리려다가 지퍼가 아예 망가지는 것과 비슷하다고 할 수 있지요.

DNA가 끊어졌을 때는 DNA의 '두 가닥 사슬'이라는 특성이 도움이 됩니다. 다시 말해 끊긴 끝부분 중 한 줄이 사라지고 나머지 한 개가 노출됩니다. 이 가닥이 DNA 재편성 복구 효소의 도움을 받아 같은 배열(상동 배열)을 찾아내어 DNA의 두 가닥 사슬에 끼어듭니다. 그 끼어든 배열은 끊긴 배열과 같은 배열이므로 거기서 복제해서 잘려나간 배열을 보강하여 복구합니다. RecQ 유사 효소는 이 일련의 복구 반응에 관여합니다(그림 4-9).

조기 노화의 원인은 'DNA의 결점'

다른 조기 노화증에 해당하는 색소성건피증은 자외선 등에 피부가 과민하게 반응하는 잠성 유전병으로서 피부암이 통상의 2천 배의 빈도로 발생합니다. 이 원인 유전자도 역시 DNA 복구와 관련이 있습니다. DNA에 자외선을 쪼이면 티민-티민(T-T)의 배열 부분에서 화학반응이 일어나 티민끼리 연결되어 버립니다. 유전자 내부일 경우 이대로 있다가는 전사傳寫가 거기서 멈춰버리고, DNA 복제도 그 자리에서 정지되고 맙니다. DNA 복제가 멈추면 DNA가 끊길 수도 있습니다. 그럴 때는 앞서 언급한 것처럼 상동 배열을 이용하여 복구합니다. 다만 이 복구에도 위험성이 있습니다. 다른 장소에 비슷한 배열이 있으면 잘못 끼어 들어가 올바른 복구를 할 수 없어서 변이를 일으킬 수가 있습니다.

이와 같은 'DNA의 상처'는 햇볕을 받으면 몇만 곳이나 발생하게 됩니다. 색소성건피증의 원인이 되는 유전자는 이런 상처가 난 '사슬'을 발견하여 제거하고 메우는 역할을 합니다. 즉, 반대로 이 유전자에 변이가 생긴 색소성건피증 증상에서는 상처의 제거 복구 작용이 약해지고, DNA의 상처가 남은 채로 변이가 일어나 암이나 세포 노화가 발생하기 쉽습니다. 코케인 증후군도 마찬가지로 피부가 민감하게 반응하는 잠성 유전병이지요.

조금 다른 이야기를 해보겠습니다. 색소성건피증 여성이 주인공인 〈태양의 노래〉(2006년)이라는 영화가 있습니다. 주인공인 10대 소녀 아마네 가오루는 밤이면 역 앞에서 노래하는 스트리트 뮤지션입니다. 고등학생 소년 후지시로 고지는 그런 그녀를 보고 반했고, 둘은 서로 사랑하는 사이가 됩니다. 가오루는 색소성건피증 때문에 햇볕을 쬘 수 없어서 동이 트기 전에 얼른 집으로 돌아가야 하지요. 제약이 있는 사랑이었던 겁니다. 가오루는 자신의 병을 숨기고 고지는 가오루의 행동을 이상하게 여깁니다. 이윽고 그녀의 증상이 악화하면서 두 사람에게 비극이 찾아옵니다. 영화에서는 가오루를 유이 씨가, 고지를 쓰카모토 다카시 씨가 연기했습니다. TV 드라마로도 방영이 됐지요. 슬픈 사랑 이야기이지만 짧은 청춘을 최선을 다해 살아가려는 젊은이들의 모습이 매우 인상적이었습니다. 기회가 있다면 꼭 한번 보세요.

다시 원래 이야기로 돌아가 보겠습니다. 허친슨-길포드 프로제리아 증후군, 통칭 프로제리아는 성인이 되고 50세 정도까지 살 수 있는 다른 조기 노화증과 달리 수명이 매우 짧고 증상마저 도드라집니다. 텔레비전 방송 등에 때때로 언급되어 잘 알려진 프로제리아 환자인 애슐리와 샘이라는 이름을 기억하는 분들도 있을 것입니다. 프로제리아 환자들은 어릴 때부터 백발에 탈모, 관절염 등 노화 증상을 보이며 수명은 길어도 13세 정도입니다.

원인 유전자는 '라민A'라는 세포 핵막 안쪽에 붙어 있는 단백질입니다. 라민A는 직접 DNA 복구에 관여하지는 않지만, DNA의 상처를 감지하여 복구 작용을 활성화하는 작용을 합니다. 그 작용이 약해지면 노화가 진행됩니다.

다운증후군은 난세포가 생길 때 염색체가 제대로 분리되지 않아 수정란에서 21번째 염색체가 세 개가 되면서 발생합니다. 그 원인은 아직 잘 모릅니다만 다운증후군 환자도 수명이 짧습니다.

이처럼 조기 노화를 일으키는 질병은 다운증후군을 제외하고는 DNA의 복구과 관련이 있고, 또 자외선 등의 원인에 의해 DNA가 지속적으로 상처를 입으면 세포나 조직에서 노화 현상이 일어난다는 점에서 DNA의 상처가 세포 및 개체의 노화를 유도한다는 사실을 알 수 있습니다.

진화에 의해 획득한 노화

앞서 이야기했듯 인간은 노화에 의해 발생하는 병으로 인해 사망하게 됩니다. 이 장의 내용을 한마디로 요약하면 다음 문장으로 축약됩니다. 세포가 분열을 반복하면 게놈에 변이가 축적되어 암화의 위험도가 올라갑니다. 인간의 몸은 이 암화를 피하기 위해 면역 기구나 노화의 메커니즘을 획득함으로써 세포의 대체가 가능하게 되었습니다. 이로써 젊을 때 암화의 위험은 상당히 낮출 수 있지만, 그래도 55세까지가 한계여서 그 나이 즈음부터 게놈 상처의 축적량이 한계치를 넘기 시작합니다. 이때부터 세포에 이상이 생기는 확률이 급증하고 이상 세포 발생을 억제하는 기능도 저하하기 시작하지요. 여기서부터 질병과의 사투가 시작됩니다. 달리 말하자면, 인간은 진화로 얻은 정해진 기한(55세)을 훨씬 뛰어넘어 장수하게 되어버렸지요.

노화의 메커니즘이 모두 다 해명된 것은 아닙니다만, 텔로미어 단축이 생겨나기 어려운 줄기세포는 DNA에 생기는 상처로 인해 노화가 촉진됨으로써 개체가 죽음에 이르는 것으로 보입니다. 앞에서 인간의 조기 노화증에 대해서도 소개했습니다만, 이러한 조기 노화증도 인간의 다양성 확보라는 의미에서 지금까지 살아남은 특성이라고 생각할 수도 있습니다.

죽음의 원인 중 하나인 '노화'는 많은 생물 중에서 인간에게 특히 두드러진 특성입니다. '진화가 생물을 만들었다'라고 한다면 '노화'도 인간이 긴 역사 속에서 '살아남기 위해 획득한 것'이라 말할 수 있습니다.

제5장

생물은 도대체 왜 죽는가?

지금까지 생물의 탄생부터 변화(변이)와 선택(멸종 혹은 죽음)의 반복에 의한 다양성의 형성과 진화, 그리고 생물과 인간의 죽음의 방식에 대해 살펴보았습니다. 앞서 제4장에서는 우리 인간의 체내에서 일부러 세포를 죽게 만드는 프로그램이 유전자 수준에서 설치되어 있음을 소개했습니다. 더불어 인간이 노화로 인해 죽음에 이르는 메커니즘에 대해서도 이야기했습니다. 이제 '죽음'의 의미가 조금씩 보이기 시작했나요?

다시 한번 정리해 볼게요. 유전자 변화가 다양성을 만들어내고, 그 다양성 덕분에 죽음이나 멸종에 의해 생물은 진화할 수 있었습니다. 그 과정에서 우리 인류를 포함한 다양한 생물들이 여러 가지 죽음의 방식을 획득했습니다. 현재까지도 '세포와 개체의 죽음'이 끊이지 않고 일어나고 있다는 사실은 죽는 개체가 선택받아왔다는 뜻입니다. '진화가 생물을 만들었다'라는 관점에서 생각해 보자면 '생물이 죽는다는 것'도 진화가 만들어냈다고 할 수 있지 않을까요?

이런 논의를 바탕으로 마침내 이 책의 주제인 '생물은 도대체 왜 죽는가?'라는 의문을 함께 풀어나갈 준비가 되었다고 생각합니다.

이 책의 마지막 장인 제5장에서는 지금까지 살펴본 내용을 바탕으로 우리가 '죽음'을 어떻게 받아들여야 할지 생물학적 관점에서 살펴보고자 합니다. 우리 인간에게 죽음은 두려운 존재입니다. 그러나 한편으로는 노화에 저항하는 의료 기술, 죽음을 멀리하기 위한 의료 기술도 나날이 발전하고 있습니다. 과연 이러한 의료 기술은 미래에 어떻게 진보해 나갈까요? 그리고 의료 기술이 진보함에도 우리는 왜 꼭 죽어야만 하는 걸까요?

죽음은 인간만의 감각

이렇게 말하려니 조금 잔인한 느낌도 듭니다만, 많은 생물은 잡아먹히거나 혹은 먹이를 확보하지 못해 굶어 죽습니다. 생물들은 이러한 죽음을 계속 자연스럽게 반복해 왔고, 지금까지 아무런 문제가 없었습니다. 더 과감하게 말하자면 모든 생물은 죽음을 맞이하지만, 설령 잡아먹혀서 죽는다 해도 자신이 잡아먹힘으로써 포식자의 생명을 연장하므로 생물 전체로 봤을 때는 지구상에서 계속 번영해 왔습니다.

수명 때문에 죽는 경우도 기본적으로는 다르지 않습니다. 자손을 남기면 자신의 분신이 살아남게 되므로 '생명의 총량'에는 역시 큰 변화가 없습니다. 잡아먹고 잡아먹히고, 그리고 세대교체에 의한 생사의 반복은 생물의 다양화를 촉진하고 생물계의 로버스트니스robustness(강건성)를 증진하고 있습니다. 즉 생물에게 '죽음'은 자식을 낳는 일과 마찬가지로 자연스러운 일이며 필연적인 일이기도 합니다.

자신의 생명을 내주고 대신 자손을 남기는 생물도 있습

니다. 예를 들어 연어는 산란 후에 바로 죽는데, 그 시체가 다른 생물의 먹잇감이 되고 돌고 돌아 치어의 먹이가 됩니다. 좀 더 직접적인 예를 들면 거미의 일종인 스테고디푸스 두미콜라(학명: Stegodyphus dumicola)의 어미 거미는 살아 있을 때 자신의 내장을 토해서 갓 태어난 새끼들에게 먹이고, 새끼들이 내장을 다 먹으면 자신의 몸을 먹이로 내줍니다. 그야말로 '죽음'과 맞바꾼 '삶'이 존재하는 겁니다.

한편 인간의 경우는 조금 더 복잡합니다. 인간은 죽음에 대한 두려움이 매우 강하고, 특히 가족의 죽음에 큰 충격을 받습니다. 개인적인 예를 들자면 제 어머니는 남편(그러니까 제 아버지)이 갑자기 심부전으로 돌아가셨을 때 너무나 큰 충격을 받아 "마치 완전히 다른 세상에 온 것처럼 모든 것이 이전과는 다르게 느껴진다"라고 말씀하신 적이 있었습니다. 배우자나 가까운 사람의 죽음은 인간이 받는 최대의 스트레스임이 분명합니다.

이처럼 인간은 죽음과 마주할 때 큰 충격을 받습니다. 이유인즉슨 인간이 강한 감정을 가진 생물이기 때문이지요. 기쁨과 슬픔 같은 감정도 그렇지만 특히 상대방에게 동정하거나 공감하는 감정이 다른 생물보다 매우 강합니다. 동정이나 공감력은 영장류나 대형 포유류, 조류 일부에서도 찾아볼 수 있긴 하지만 인간의 그것은 다른 생물보다 훨씬 강하게 나타납니다.

이 동정 및 공감의 감정을 '배려'라고 불러도 좋을 것입니다. 죽음을 두려워하는 마음은 자신이 죽으면 주변 사람들이 슬퍼하겠구나, 고생하겠구나 하는 상상에서 비롯됩니다. 이러한 동정심(남에 대한 배려), 덕(전체에 대한 배려)과 같은 인간적인 감정과 행동은 무엇보다도 변화와 선택이라는 진화 과정에서 획득한 것입니다. 즉, 나 자신만 살아남으면 된다는 이기적인 능력보다도 집단이나 전체를 생각하는 능력이 진화 과정에서 더 중요한 능력으로 여겨지고 선택되어 온 것이지요. 그러한 진화 과정을 통해 얻은 죽음에 대한 슬픔이나 두려움은 가장 인간다운 감정이라 해도 과언이 아닐 것입니다.

인간의 뇌는 이렇게 풍부한 감정을 갖도록 발달했는데 인간의 몸 구조는 다른 동물과 별반 차이가 없습니다. 죽음은 인간에게도 가차 없이 찾아옵니다. 발달한 인간의 뇌는 당연히 죽음에서 벗어날 방법이 없을까 하고 고민하게 되지요. 어떻게든 노화를 피할 수 없는 방법이 없을까 하고. 다시 말해 안티에이징에 대한 발상을 하게 된 것입니다.

다양성을 위해 죽는다는 것

안티에이징에 관한 이야기로 들어가기 전에 복습을 겸해서 생물의 다양성과 죽음에 대해 정리해 봅시다.

생물이 죽어야 하는 이유로서 주로 다음 두 가지를 생각해 볼 수 있습니다. 그중 하나의 이유는 금방 떠올릴 수 있습니다. 바로 식량과 생활 공간의 부족입니다. 천적이 적은 생물, 즉 '포식당하지 않는' 환경 속에서 사는 생물이라도 그 숫자가 너무 늘어나면 오히려 '먹을 것이 없어지는' 일이 생깁니다. 그 경우 멸종할 정도의 기세로 개체 수 감소가 일어나고, 그 이후 주기적으로 증가와 감소를 반복하거나 소자화少子化가 진행되어 개체 수가 적은 상태에서 안정되었다가 이윽고 균형을 잡게 됩니다.

주제에서 조금 벗어난 이야기지만, 이 생물학을 인간에게 적용해 보겠습니다. 예를 들어 현재 일본인은 식량이나 생활 공간은 별로 부족하지 않지만 보육 장소나 교육 환경, 부모의 노동 환경 등 자녀 양육에 필요한 몇 가지 요소가 부족합니다. 따라서 자녀를 만들지 않으려는 소자화 압력이 강해져 출산율이 계속 줄고 있지요. 사망률이 올라가는 것도, 출생률이 내려가는 것도 인구 감소라는 의미에서는 모두 같습니다.

이 감소가 일본인의 멸종적 감소로 이어질지, 아니면 출생 수가 낮은 상태를 유지하며 점차 안정될 것인지는 앞으로 소자화를 부추기는 압력 요인이 얼마나 개선될지에 달려 있습니다. 그런데 소자화를 불러일으키는 문제는 의식주와 같은 물질 면에서만이 아니라 정신적인 면에서도 존재합니다. 장래에 대한 막연한 불안감 때문에 자녀를 낳고 싶지 않다는 개개인의 의식이 확실하게 소자화를 유도하고 있습니다. 필자는 만약 아무런 대책도 취하지 않는다면 안타깝게도 일본 등 선진국의 인구 감소를 신호탄으로 인류는 지금부터 100년도 채 버티지 못할 것이라고 봅니다. 매우 가까운 미래에 멸종적 위기를 맞이할 가능성도 있다고 생각합니다. 미래에 대한 투자는 결코 간단한 일이 아니지만, 더 손쓸 수 없는 상태가 되기 전에 진지하게 대책을 세워야 하겠습니다.

그럼 본론으로 돌아가겠습니다. 이 책을 처음부터 읽으셨다면 잘 아시겠지만, 생물이 죽어야 하는 또 하나의 이유는 '다양성'을 위해서입니다. 생물학적으로는 이쪽이 더 큰 이유라고 할 수 있지요.

왜냐면 앞에서 언급한 '식량이나 생활 공간의 부족'이라는 이유는 결과론이며, 더구나 한정된 공간에서 생활하는 생물에만 해당하는 이유이지 모든 생물이 일반적으로 '죽어야 하는 이유'는 아닙니다. 부족 현상이 발생한 경우 다른 새로운 장소로 이동하거나 새로운 먹거리를 찾으러 나가면 되니까요. 정말로 죽어야 할 이유는 이것보다도 더 근본적인 것입니다.

생물은 급격하게 변화하는 환경 속에서 존재를 이어가야 할 '무언가'로서 탄생하여 진화해 왔습니다. 그 생존의 메커니즘은 '변화와 선택'입니다. 변화란 말 그대로 변하기 쉬울 것, 다시 말해 다양성을 확보하기 위해 프로그램된 '것'이라는 뜻입니다. 그 특성 덕분에 현재 우리를 포함한 다양한 종류와 형태의 생물에 이르게 된 것이지요.

구체적으로는 유전정보(게놈)가 격변하여 다양한 '샘플'을 만드는 전략입니다. 변화하는 환경 속에서도 살아남을 수 있는 개체와 종이 반드시 존재했고, 그 덕분에 '생물의 연속성'이 끊기지 않고 그대로 이어져 왔던 것입니다.

그 많은 '샘플 만들기'를 위한 가장 중요한 요건이 재료의 확보와 탄생의 시스템입니다. 재료를 확보하는 가장 간편한 방법은 오래된 유형을 부수고 그 재료를 재활용하는 방법이지요. 즉, 이 책에서 반복해서 언급했던 '턴 오버'입니다. 여기에도 '죽음'의 이유가 있습니다.

다양성을 만들어내기 위한 '성'이라는 구조

다음으로 다양성을 만들어내는 시스템에 대해 살펴봅시다. 생물의 신체 구조가 복잡해지면서 생명 탄생 시에 이루어지던 풀 모델 체인지, 즉 이리저리 흩어진 것들을 우연에 맡겨서 다시 짜 맞추는 시스템은 부정적인 면이 더 커졌습니다. 좀 더 정교하게, 그리고 어느 정도 변화를 제어하면서 다양성을 확보하는 마이너 체인지가 필요해졌지요.

거기서 등장한 것이 바로 여성과 남성이라는 '성性' 구조입니다. 성의 목적은 유성생식입니다. 우선 각각의 신체에 여러 염색체의 조합을 가진 배우자(난자와 정자)를 만듭니다. 인간을 예로 들자면 여성에게는 22쌍의 상염색체, 총 44개와 2개의 성염색체(XX)까지 해서 총 46개의 염색체가 있습니다. 남성도 마찬가지로 상염색체 44개와 성염색체(XY)까지 총 46개가 있습니다. 쌍을 이루는 염색체는 성염색체(XX)까지 포함하여 1개의 X는 어머니로부터, 또 다른 1개의 X는 아버지로부터 물려받습니다. 남자의 성염색체(XY)에서 X는 어머니로부터, Y는 반드시 아버지로부터 이어받습니다.

남성은 정자를 만드는 근원이 되는 세포인 정모세포가 감수분열, 즉 염색체 수가 절반이 되는 특수한 분열을 해서 4개의 정자로 변합니다. 그 과정에서 각각의 염색체 쌍에서 무작위로 한 개가 선택되어 한 개의 정자에 들어갑니다. 이 조합의 수는 2의 23승(약 800만) 개가 됩니다. 다시 말해 약 800만 종류의 정자가 생긴다는 뜻이지요.

이는 참으로 엄청난 숫자이지만, 그 염색체가 분배하는 동안 두 개의 상동염색체가 달라붙어(이를 '대합'이라고 함), 같은 종류의 유전자 간에 '상동 재조합'이라는 부분적인 교환이 일어납니다. 각각의 상동염색체 중 한 개는 어머니, 또 한 개는 아버지에게서 온 것이기 때문에 여기서 마구잡이로 섞이는 건 아니지만 어느 정도 염색체의 내용물(조합)이 변화합니다(그림 5-1).

단, X 염색체와 Y 염색체는 배열이 크게 다르므로 부분적으로만 대합합니다. 상동 재조합에 의한 부분적인 교환도 거의 일어나지 않습니다. 상동 재조합은 여성 쪽의 난자 형성 시에도 일어나고, 수정 시에는 난자와 정자가 무작위로 융합하므로 수정란의 조합은 거의 무한대에 가깝습니다. 간단히 말하자면, 설령 형제자매가 몇십억 명 있다고 하더라도 일란성(일란성 쌍둥이나 세쌍둥이 등)이 아닌 한, 자신과 똑같은 유전정보를 가진 형제나 자매는 존재하지 않습

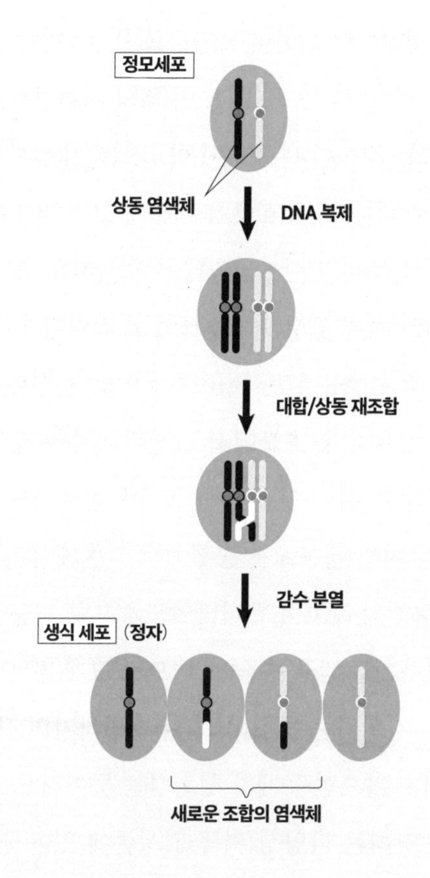

[그림 5-1] DNA 복구 기구

니다.

즉, 유성생식이란 마이너 체인지를 통한 다양성을 만들어내기 위해 진화한 구조입니다. 이 책의 서술방식으로 말하자면, 진화는 결과이지 목적이 아니므로 유성생식이 다양성을 만들어내는 데 유효했기 때문에 그러한 구조를 가진 생물들이 선택되고 살아남았다는 것이지요. 생물 대부분은 크건 작건 이 유성생식 구조를 갖고 있습니다.

이 배우자 형성을 위한 기구(감수분열)도 주로 효모를 통해 연구되었습니다. 효모에서 발견된 감수분열 관련 유전자들 대부분은 쥐나 인간 등의 포유동물에서도 작용합니다. 이처럼 여러 생물에서 공통적으로 존재하는 유전자를 '보존된 유전자'라고 부릅니다. 즉, 중요한 기능을 하며, 변화하면 배우자를 만들 수 없게 되므로 크게 변화할 수 없었던(보존된) 장치라는 뜻입니다. 달리 말하자면 감수분열이 이루어지지 않으면 문제가 생긴다는 뜻이지요. 이 감수분열이라는 장치는 다양성 획득과 생존에 있어 필수적입니다.

흥미롭게도 효모에 두 개 있는 상동염색체 사이에서의

재조합을 변이체 등을 만들어서 일부러 방해하면 배우자 형성 자체가 이루어지지 않게 됩니다. 따라서 재조합은 '그냥 있으면 좋은' 정도가 아니고 반드시 있어야 할 장치입니다. 바꿔 말하자면, 배우자 형성은 단순히 난자와 정자를 만들기 위한 기구가 아니고, 염색체 내용물까지 섞어서 가능하면 더 큰 다양성을 이루어내기 위한 프로세스라고 할 수 있습니다.

세균이 가진 다양성 구조

사실 지구상에서 가장 많으면서 가장 오래 존재해 온 생물인 세균에게도 유성생식을 하는 생물들과 비슷하게 유전자를 섞어서 다양성을 만들어내는 기구가 있습니다.

대장균에게는 염색체와는 달리 F인자라는 작은 DNA가 있습니다. F인자는 때때로 염색체 안에 끼어 들어가는데 거기서 한 가닥 DNA 사슬이 절단되면 DNA 복제가 시작됩니다(그림 5-2).

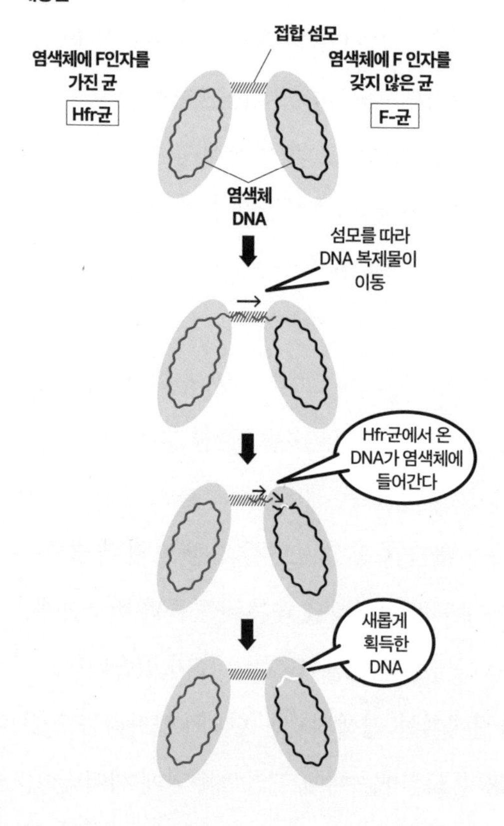

[그림 5-2] F인자에 의한 세균 염색체의 교환

그뿐만 아니라 F인자는 접합 섬모라는 세포 사이를 잇는 실처럼 생긴 구조체 유전자를 갖고 있어서 이것을 통해 다른 균과 이어집니다. F인자에서 나온 DNA 복제로 생성된 복제물은 마치 뱀이 나뭇가지를 타고 올라가는 것처럼 섬모를 따라 F인자를 갖지 않은 균을 향해 서서히 이동합니다. 그리고 목적지인 균 속에서 상동 재조합을 함으로써 같은 영역 간에 교대가 이루어지고 유전정보가 이동하게 됩니다.

F인자에 의한 유전 정보 교환은 성 분화의 가장 초기 유형으로 추정됩니다. 이렇듯 생물은 여러 가지 방법으로 다양성(변화)을 만들어내려고 애를 쓰고 있지요.

자식이 부모보다 '우수'한 이유

그럼 본론으로 돌아가서 성에 의한 다양성 획득과 죽어야 하는 이유가 어떤 관련이 있는지 살펴봅시다.

여기서부터는 저 나름의 생각입니다. 저는 지금까지 생

물은 '변화와 선택'에 의한 진화의 결과물이라고 말했습니다. 성에 관해서는 난자, 정자, 포자 등 배우자의 형성, 접합이나 수정이 '변화'를 낳았다고 말했습니다.

한편 '선택'은 유성생식의 결과로 생겨난 다양한 자손에게 일어나는데, 그 선택 대상에는 사실 자손만이 아니라 그들을 낳은 '부모'도 포함됩니다. 즉, 부모는 죽음이라는 선택을 함으로써 자기 종족의 변화 속도를 빠르게 하는 역할을 합니다.

당연한 이야기지만 자녀가 부모보다 다양성이 더 풍부하고 생물계에 있어 더 가치가 있는 존재, 즉 생존 가능성도 더 큰 '우수한' 존재입니다. 바꿔 말하자면 부모가 죽고 자손이 남는 편이 종을 유지하는 전략으로서 올바른 선택입니다. 생물은 이렇게 다양성 중시라는 전략을 통해서 지금까지 살아남은 것입니다.

다양성의 실현에 중요한 역할을 하는 공동체 교육

그렇다면 극단적으로 말해서 자손을 낳고 나면 부모가 얼른 죽어버리는 게 낫다는 결론이 나옵니다. 부모는 진화 과정에서 자녀보다 빨리 죽도록 프로그램되어 있다는 뜻이지요.

이미 잘 알고 있겠지만, 물론 그런 생물도 많이 있습니다. 앞서 언급했던 연어가 바로 그런 예에 해당하지요. 연어는 산란을 위해 강의 가장 상류까지 힘들게 올라가서 거기서 알만 낳은 뒤 바로 죽어버립니다. 곤충 같은 작은 생물들도 연어와 마찬가지로 자손에게 생명을 마치 배턴 터치하듯이 '자 이제 넘길게요' 하는 방식으로 죽음을 맞이합니다.

그러나 예컨대 인간처럼 자녀를 낳는다고 다 끝이 아닌 생물의 부모에게는 죽음이란 게 그렇게 간단한 일이 아닙니다. 자기보다 (다양성이 풍부하다는 의미에서) 나은 자손이 독립할 수 있을 때까지 제대로 돌볼 필요가 있지요. 따라서 육아는 유전적 다양성만큼 중요합니다.

인간처럼 고도의 사회를 가진 생물에게는 단순히 보호

적 육아뿐 아니라 자손이 사회 속에서 살아갈 수 있도록 돕는 교육도 중요합니다. 그래서 부모는 건강하게 오래 살아야 합니다. 부모뿐 아니라 조부모나 사회(커뮤니티)도 교육과 육아에 관여합니다. 그래서 인간의 경우에는 부모나 조부모의 건강도 주변의 도움도 매우 중요합니다. 인간뿐 아니라 대형 포유류도 성장해서 스스로 생활할 수 있을 때까지 부모나 공동체의 보호가 필요하다는 점에서는 기본적으로 인간과 같습니다. 그리고 부모의 존재만이 아니라 '육아(교육)의 질'도 중요합니다. 이것을 '사회의 질'이라고 불러도 좋을 것입니다.

여기까지 내용을 다시 한번 정리해 보겠습니다.

생물은 언제나 다양성을 만들어냄으로써 살아남았습니다. 유성생식은 그 수단으로서 유효합니다. 부모는 다양성의 관점에서 보면 자손보다 열등하므로 자녀보다 먼저 죽도록 프로그램되어 있습니다. 다만 죽는 시기는 여러 생물이 서로 다릅니다. 대형 포유동물은 어른이 될 때까지 시간이 걸리므로 그사이 부모의 장기적 보호가 필요합니다. 인간 이외의 대형 포유동물, 예를 들어 코끼리 등도 삶의 지혜를 부모를 포함한 집단(공동체)으로부터 배웁니다.

이와 같은 생물학적 죽음의 의미를 곱씹어 보면 인간 사회에서 부모나 학교 등의 공동체가 어린이에게 무엇을 가르쳐야 하는지 자연스럽게 알 수 있습니다. 우선 살아가기 위해 필요한 최소한의 지혜와 기술을 가르쳐야 합니다. 옛날의 '읽기, 쓰기, 산수'에 해당하는 것으로서 현대의 의무 교육 과목이지요. 이것은 사회 규칙을 이해하고 협조하면서 생활하기 위해 필수불가결한 교육이라고 할 수 있습니다.

공동체가 만드는 개성

여기서부터가 중요합니다. 필수불가결한 교육 다음으로 어린이들에게 가르쳐야 하는 것은 이렇게 귀하게 유성생식으로 얻은 유전적 다양성을 잃지 않게 하는 교육입니다. 인간에 대입하자면 다양성을 '개성'이라고 바꿔서 말해도 좋겠네요. 부모나 사회는 아이가 기존의 틀에 사로잡히지 않도록 가능한 한 아이에게 다양한 선택지를 주는 것이 중요합니다. 아이를 단일한 척도로 평가해서는 안 되지요.

나아가 이 개성을 신장시키려면 부모 말고 다른 어른의 존재가 매우 중요합니다. 자신에게 자식이 없어도, 혹은 자기 아이가 아니더라도, 사회의 일원으로서 다른 집 아이의 교육에도 적극적으로 동참해야 합니다. 부모만으로는 이루어낼 수 없는 아이의 개성 실현에 꼭 필요하기 때문입니다. 특히 일본은 전통적으로 '가문'을 중시하여 예절이나 교육을 거기서 완결하려는 문화가 있습니다. 아이가 어릴 때는 기본적으로 그렇게 해도 되겠지만, 개성이 자라나기 시작하는 중고등학생 시기부터는 적극적으로 더 많은 '집 밖의 어른'을 접하도록 해야 합니다. 저는 소자화가 진행되고 있는 일본이 사회 전체적으로 아이들의 다양성을 인정하고 개성을 드높이는 교육을 할 수 있을지 여부가 일본의 운명을 좌우한다고 생각합니다.

우선 타인과 다른 점, 다른 생각부터 인정해야겠지요. 안타깝게도 일본의 교육은 아직도 젊은이의 개성을 그다지 관대하게 보는 편이 아닙니다. 전후의 획일화된 교육과 비교해서 나아지긴 했지만요. 젊은이가 자유로운 발상으로 장래의 비전을 그려낼 수 있는 사회야말로 진정한 의미에서 튼튼한 사회가 될 수 있을 것입니다.

솔직히 말해서 아이의 개성을 키워주는 교육은 자칫하면 형식을 무시해도 좋다는 식의 교육이 될 수 있기에 참 어렵습니다. 가장 간단하고 효율적인 방법은 '본인이 직접 느끼게 하는 것'이겠지요. 부모나 커뮤니티가 스스로 모범을 보여야 합니다. 또한 부모 세대까지 포함한 사회 전체에서 다양성(개성)을 서로 인정하는 것이 중요합니다. '너는 너답게 살면 돼. 내가 해온 것처럼 말이지'라는 느낌으로 말이지요. 자식들이 개성을 실현하는 모습을 보고 부모는 그 사명을 마칠 수 있습니다.

덧붙이자면 그렇다고 아이들에게 개성적으로 살라고 강요해서는 안 됩니다. 사실, 무엇이 개성이고, 무엇이 정답인지는 아무도 모르니까요. 그것이 다양성의 가장 큰 장점이자 예측 불가능한 미래를 살아가는 힘이기도 합니다.

장수에 대한 갈망은 이기적인가?

지금까지 이야기했듯 인간처럼 사회를 가진 생물은 우선 사회에서 살아가는 방법을 익힐 필요가 있고, 그것을 교육하는 데도 시간이 걸립니다. 그래서 교육하는 쪽의 부모나 공동체의 연장자들은 그리 간단하게 죽지 않습니다. 그뿐만 아니라 앞서 언급한 것처럼 인간은 슬픔을 공유하는 '감정의 동물'이자 죽고 싶지 않아 하는 생물입니다. 그래서 안티에이징 즉, 조금이라도 장수하려는 발상이 생겨났습니다.

죽음 자체는 프로그램되어 있어서 거스를 수 없지만, 연장자가 조금이라도 건강히 오래 살아서 다음 세대, 또 그 다음 세대의 다양성 실현을 지켜보고, 그러기 위해서 기성세대가 사회의 기반을 만드는 잡다한 일을 어느 정도 도맡는 일은 사회 전체로 봤을 때 이익입니다. 그러므로 장수에 대한 갈망은 결코 이기적인 것이 아니라 당연한 감정이라고 봅니다. 또, 인간의 장수에 대한 갈망은 죽음에 대한 두려움에서 온다는 측면도 있지만, 그 공포의 뿌리에는 다음 세대를 제대로 키워야 한다는 생물학적 이유가 깔려 있습니다. 적어도 아이가 어느 정도 클 때까지는 열심히 살아남아야 하니까요.

그런 배경에서 노화 억제에 관한 연구가 등장했습니다. 노화는 자연스러운 현상이므로 의학적으로 봤을 때 노화 억제라는 개념 자체에 위화감이 느껴질 수 있지만, 대다수 질병이 노화와 함께 발병한다는 의미에서 보면 노화 연구는 충분한 가치가 있는 연구입니다. 그리고 노화 자체는 병이 아니고 생리적인 현상이자 생물학 분야에 속한 현상이므로 의학 분야뿐 아니라 생물학 분야에서도 노화에 관한 연구가 진행되어왔습니다.

안티에이징 연구는 무엇인가?

그러면 지금부터 인간의 장수를 위한 연구, 늙지 않기 위한 연구들을 소개해 보고자 합니다.

노화 억제 연구의 역사는 매우 오래됐습니다. 중국 진나라 시황제(기원전 3세기경)가 부하들에게 불로불사의 약

연구를 명령하여 만든 수은이 함유된 불로약 때문에 오히려 수명이 줄었다는 일화는 아주 유명하지요. 그 후에도 시대의 권력자들은 비슷한 요구를 했지만 결국 실패로 끝났습니다.

원래 진화 과정에서 생물은 죽도록 프로그램되어 있으므로 불로불사는 물론 불가능한 일이고, 수명을 조금이라도 늘리는 일도 그리 쉬운 일이 아닙니다. 다만 인간 사회를 살펴보면 장수하는 사람도 있고 단명하는 사람도 있으므로 장수하는 사람 쪽에 초점을 맞추어서 어느 정도 수명을 늘리기 위한 연구를 하는 일은 가능하다고 봅니다. 간단히 말해서 건강하게 장수하는 인간의 '장수 비결'을 연구를 통해 해명하면 되는 일이지요.

가장 쉽게 할 수 있는 것이 바로 '코호트 연구(특정의 경험을 공유하는 사람들의 집단에 대한 연구 — 옮긴이)'입니다. 장수하는 사람이 많이 사는 지역의 식습관과 수명의 관련성을 분석하는 연구 등이 이것입니다. 예를 들어, 요구르트 섭취량과 수명이 관계가 있다는 식이지요. 실제로 생활 습관과 장수의 관련성에 대해서는 지금까지 어느 정도 연구되어왔습니다.

염분 섭취와 수명의 관계에 관한 연구가 유명합니다. 옛날에 나가노현은 뇌졸중 발병률이 일본에서 1위였는데 지자체가 발 벗고 나서서 염분 섭취량을 줄인 결과, 뇌졸중 1위라는 오명을 벗는 데 성공했습니다. 텔레비전과 잡지에서도 건강이나 장수에 좋은 식품이나 운동에 관한 정보가 자주 다뤄져서 대다수 일본인은 이미 매우 이상적이고 건강한 생활을 실현하고 있습니다. 그 결과, 이렇게 세계 유수의 장수국이 되었지요.

그러나 제4장에서 살펴본 것처럼 일본인의 수명 상승률도 둔해져서 이제 슬슬 생활 습관이나 식생활을 개선해서 수명을 늘리는 방법에도 한계가 왔습니다. 그래서 노화의 생리 현상 그 자체를 해명해서 노화를 억제하는 항노화약(안티에이징 드럭)을 개발하려는 시도가 등장하게 된 것입니다.

인간을 포함한 대부분 생물은 '죽음을 맞이하도록 프로그램'되어 있습니다. 이는 죽음에 이르는 노화의 메커니즘이 확실히 존재하고 있음을 의미합니다. 만약 죽음의 메커니즘을 해명해 낸다면 약을 써서 인간이 건강하게 지낼 수 있는 시간을 늘릴 수 있을지도 모릅니다. 건강한 고령자가 늘어나고 의료비에 쏟아붓는 국가 예산도 줄어들어서 그만큼 육아 지원이나 교육에 투자할 수 있다면 얼마나 좋을까요. 진시황의 꿈이 다시금 이루어지는 순간이겠지요. 그리고 진나라 때와는 비교할 수 없을 정도로 현대의 과학은 크게 발전하였습니다.

수명과 연관된 유전자

노화 억제 연구는 긴 역사가 있지만, 특히 최근 들어서 주목받고 있습니다. 사회적으로는 선진국의 고령화가 영향을 끼쳤습니다. 많은 질병 중에서도 특히 암과 인지증은 나이가 들면서 발병 수가 급상승하고 있어서 이런 질병들의 치료법을 찾기 위해서라도 노화의 메커니즘을 이해하려는 노력이 절실합니다.

그러나 노화 연구를 위해 인체를 대상으로 실험하는 일

은 매우 어렵습니다. 윤리적인 제약도 있지만, 인간은 개인차가 너무 크고 수명이 길어서 연구 결과를 얻는 데 많은 시간이 들기 때문입니다. 인간을 대상으로 노화에 따른 생리적 변화를 관찰하고 분석하는 일은 가능하지만, 그 근본적인 메커니즘을 탐구하려면 역시 모델 생물을 사용해서 연구를 시행할 필요가 있습니다. 그러한 모델 중에서 인간과 가장 가까운 것이 원숭입니다. 그러나 원숭이도 수명이 20년이 넘기 때문에 예컨대 항노화 작용이 있을 만한 약효를 조사하는 일은 거의 불가능에 가깝습니다.

다음 후보로는 쥐(생쥐)가 있는데, 제3장에서 설명했던 것처럼 쥐는 인간과는 달리 '잡아먹혀 죽는' 유형의 생물입니다. 즉, 노화로 죽는 생물이 아니지요. 그래서 '진화가 생물을 만들었다'는 측면에서 생각해 보자면 노화를 막는 유전자 작용이 이미 약해졌을 가능성이 있습니다. 그래서 인간을 대신할 모델로 적합하다고 볼 수 없지요. 게다가 수명도 2~3년 정도로 꽤 길어서 연구하는 데 시간이 듭니다. 이 점에서는 송사리나 제브라피시 등의 다른 소형 척추동물도 쥐와 비슷합니다. 원래 노화로 죽는 생물이 아니거든요.

남은 건 인간과 다소 거리가 있는 생물들이긴 하지만 효모, 선충, 파리를 후보로 들 수 있습니다. 이들은 수명도 각각 며칠, 몇 주, 몇 개월 정도로 짧고 연구하기도 좋습니다. 실제로 많은 수명 노화와 관련한 중요한 유전자들이 이 세 가지 생물로부터 처음 발견되었습니다. 그중에서도 우리에게 익숙한 효모는 수명이 약 이틀 정도로 짧아서 노화 연구의 대표주자 같은 존재지요(제3장, 그림 3-5 참조).

효모를 사용한 노화 연구에 자주 사용되는 방법으로서 일반적인 것들과 다른 성질을 가진 변이주變異株(뮤턴트)를 사용한 유전학적 해석 수법이 있습니다. 변이에 의해 통상보다도 수명이 짧아지거나 오히려 길어진 변이주를 골라낸 후에 그 변이의 원인이 된 유전자를 발견하는 방법이지요. 예를 들어 수명이 짧아진 변이주 중에서는 수명을 길게 유지하는 유전자가 망가진 경우가 있습니다. 반대로 수명이 길어진 변이주 중에는 수명이 너무 길지 않게 억제하는 유전자가 망가진 것도 있습니다.

이처럼 수명이 통상보다 짧거나 긴 변이주를 탐색한 결과, 수명과 연관된 여러 종류의 유전자를 찾아낼 수 있었습니다. 그중에는 왜 이 유전자가 수명과 연관되어 있는지 도무지 알 수 없는 것들도 있고, 그저 세포의 상태가 나빠져서 수명이 줄어든 것 같은 유전자도 다수 포함되어 있습니다. 이처럼 관련성이 없어 보이는 유전자는 제외하고, 세 가지 유명한 유전자를 소개하겠습니다.

첫째가 영양분인 당의 대사 작용과 관련한 유전자 GPR1(지피알 원)입니다. GPR1이 망가지면 효모의 수명이 약 50% 늘어납니다. 이 유전자에 번역된 Gpr1 단백질은 당 센서입니다. 당이 세포 주변에 있다는 사실을 세포 내부에 전달함으로써 그것을 이용할 준비를 재촉하는 작용을 합니다. 이 센서가 제대로 작동하지 않으면 외부의 영양분을 제대로 이용할 수 없게 됩니다. 그렇게 되면 세포의 발육은 느려지고 세포 크기도 작아지는데 수명은 길어집니다.

참고로 효모의 단백질명은 첫 글자를 뺀 나머지를 소문자로 표기하고(Gpr1), 그 단백질을 만드는 유전자는 모두 대문자로 표기하는(GPR1) 규칙이 있습니다.

소식은 건강에 좋다?

영양분을 제대로 얻지 않아야 오히려 오래 사는 이유는 무엇일까요. 조금 주제에서 벗어나지만 해설해 보겠습니다.

많은 생물은 영양 섭취량을 조금 줄이면 수명이 늘어납니다. 이를 '식이 제한 효과' 혹은 '칼로리 제한 효과'라고 부릅니다. 효모도 먹이에 포함된 당분의 비율(통상 2%)을 4분의 1(0.5%)로 줄이면 수명이 약 30% 연장됩니다. 즉, 일반적으로는 20회 분열하면 2일 만에 죽는데 오히려 26회까지 분열할 수 있게 됩니다. 분열하는 데 걸리는 시간도 길어져서 생존 시간이 상당히 늘어납니다.

이와 같은 식이 제한 실험이 원숭이를 대상으로도 이루어졌습니다. 원숭이를 평소 필요하다고 되어있는 칼로리의 70%로 사육했더니 효모처럼 수명이 극적으로 늘어나지는 않았으나 질병과 사망 위험성이 낮아졌다는 사실이 확인되었습니다. 역시 '배는 8할만 채워라'는 옛말처럼 조금 적게 먹는 게 몸에 좋답니다.

식사량을 줄이면 수명이 길어지는 이유 중 하나로서 대

사량 저하를 꼽을 수 있습니다. 생물은 호흡으로 영양을 태워서 에너지를 얻습니다. 에너지는 세포의 활동에 쓰이는데, 포유동물은 체온을 유지하는 데도 에너지를 사용합니다. 영양이 많으면 태우는 양도 당연히 많아지므로(이를 '대사가 활발해진다'라고 함) 부산물도 많이 나오게 됩니다.

그중 하나가 바로 활성산소입니다. 앞서 말한 바와 같이 이 활성산소가 DNA나 단백질을 산화시켜서 이들의 활동력을 떨어뜨립니다. 따라서 음식물 섭취를 제한하면 활성산소의 양이 줄어서 수명이 늘어난다고 보는 것입니다.

그리고 글루코스glucose 센서인 Gpr1 단백질이 제대로 기능하지 않으면 설령 글루코스가 충분히 있어도 그것을 감지하거나 이용할 수 없으므로 칼로리 제한과 마찬가지로 대사가 저하되어 수명이 길어지는 효과를 얻을 수 있다고 생각합니다. GPR1 말고도 글루코스 대사와 관련된 일련의 유전자 변이도 역시 수명을 늘립니다.

리보솜 RNA 유전자의 안정성 메커니즘

수명을 변화시키는 대표적인 유전자가 이제 두 개 남았습니다. 이 둘은 서로 관계가 있는 유전자들입니다. 이들은 리보솜 RNA 유전자의 안정성과 연관되어 있습니다. 리보솜에 대해서는 제1장에서, 리보솜 RNA 유전자에 대해서는 제3장에서 잠시 다뤘습니다만, 여기서 다시 복습해 보도록 합시다.

리보솜은 모든 생물이 가진 세포 내 단백질을 합성하는 장치로서 그 작용을 리보솜 RNA가 맡고 있습니다. 리보솜 RNA를 만들기 위한 유전자(리보솜 RNA 유전자)는 진핵세포에서 같은 유전자가 100카피copy 이상 직렬로 이어지는 반복 구조입니다. 카피 수가 많아서 예를 들어 보통의 1카피짜리 유전자와 비교했을 때 100배가 넘는 확률로 변이가 일어납니다.

또 카피 간의 재조합으로 유전자가 빠져나가는 탈락 현상이 생기거나 변화가 일어나기 쉽습니다. 다시 말하자면 매우 불안정한 영역입니다. 물론 이러한 변이는 정상적인 리보솜의 활동을 방해하고, 카피가 줄어들면 필요한 만큼의 리보솜 RNA를 생산할 수 없게 되어버려서 세포가 정상적으로 자랄 수 없습니다.

그래서 세포는 진화 과정에서 리보솜 RNA 유전자의 카피 수를 늘리는 '유전자 증폭 작용'을 획득했습니다. 아니, 이 책의 표현 방식으로 말하자면 유전자 증폭을 할 수 있도록 변화한 세포가 리보솜의 안정적 공급이 가능해짐으로써 선택되어 살아남았다고 할 수 있겠지요. 이 증폭 장치는 매우 정교해서, 제가 25년 전에 이 구조를 발견했을 때 '진화라는 건 정말 대단하구나!'하고 감동했던 순간을 지금도 선명하게 기억하고 있습니다.

좀 전문적인 이야기입니다만 가능하면 쉽게 설명해 보겠습니다. DNA 복제는 세포가 분열하기 전에 한 번만 일어나지만, 리보솜 RNA 유전자가 증폭될 때는 부분적인 복제가 몇 차례 더 일어납니다. 우선 세포 주기 동안의 DNA 합성 기간에 복제 시작지점부터 복제가 시작됩니다. 그림 5-3을 참고해 주십시오. 그림에서 오른쪽으로 진행하는 복제 (A)가 복제 저해지점에 도달했을 때 그곳에 결합해 있는

Fob1 단백질에 의해 복제가 저지됩니다. 'Fob1(포브 원)'이라는 이름은 fork block 즉, '복제의 진행(복제 포크)을 블록한다'라는 의미에서 붙여진 이름입니다. '포크'라는 명칭은 복제가 아직 이루어지지 않은 부분(그림 5-3 (A)의 오른쪽)이 포크의 손잡이, 복제된 두 개의 '자매염색분체'(그림 5-3의 왼쪽)가 음식을 찍는 부분과 비슷하다고 해서 그렇게 부릅니다.

복제가 멈춰지면 그 부분에서 한 가닥 사슬의 DNA가 노출되므로 끊어지기 쉬워져서 복제가 멈춘 포크의 10% 정도에서 절단이 발생합니다. DNA가 끊어지면 복구 작용이 시작되고 '상동 재조합 복구'가 일어납니다. 여기까지는 제4장(그림 4-9)에서 이야기했던 대로지요.

여기서부터가 재미있습니다. 끊긴 끝부분이 상동 배열에 끼어들어 와서 복구를 시작하는데, 보통 바로 아래에 있는 자매염색분체에 완전히 똑같은 배열이 있으므로 그것과 재조합하여(끼어들어 와서 복구를 재개함으로써) 끊어진 곳을 고칩니다. 이처럼 끊어진 그 자리에서 복구가 가능한 이유는 자매염색분체가 흩어지지 않도록 모아주는 코헤신cohesin이라는 링 형태의(그림 5-3의 왼쪽) 단백질 때문입니다.

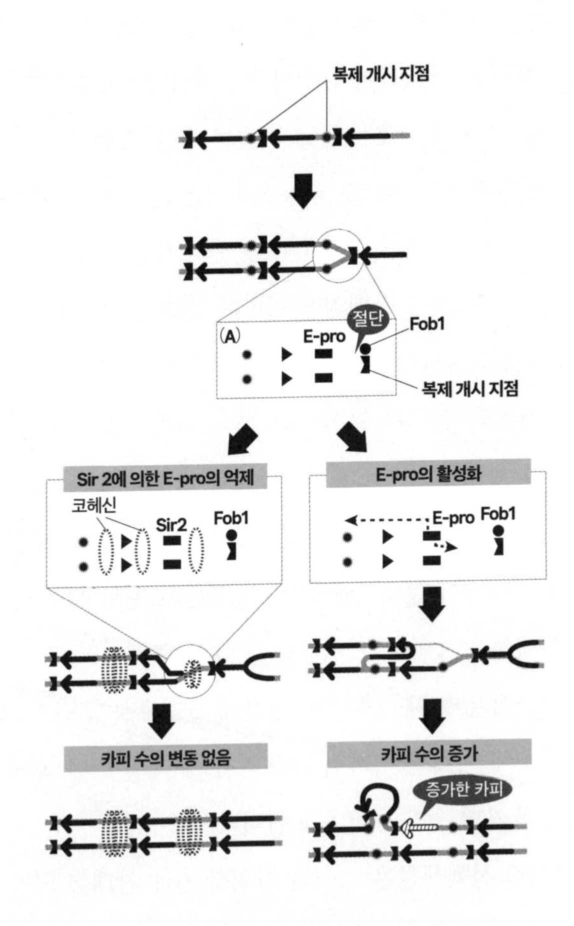

[그림 5-3] 리보솜 RNA 유전자의 증폭 기구

그러나 카피 수가 줄어들면 Sir2(서 투)라는 이름의 전사를 억제하는 단백질이 감소하여 리보솜 RNA 유전자 사이에 있는 비번역 프로모터E-pro가 전사를 시작합니다(그림 5-3의 오른쪽). 일반적으로 프로모터는 유전자(번역 영역)의 선두에서 이 유전자를 전사하여 mRNA를 만들지만, 비번역 프로모터는 이름 그대로 단백질을 만드는 번역 영역과 따로 떨어져서 비번역 RNA를 만들어냅니다.

이 비번역 전사가 일어나면 링 형태의 코헤신이 전사 때문에 방해를 받아서 DNA에 달라붙지 못하게 되므로 자매염색분체가 분리되게 됩니다. 그러면 끊어진 DNA가 옆으로 삐져나가서 옆에 있는 카피의 상동 배열로 끼어 들어가서 복제를 시작합니다. 이유는 아직 잘 모르지만, 카피 수가 줄어들어 있을 때는 꼭 역방향으로 그림으로 그림 5-3의 왼쪽 카피에 끼어 들어가서 같은 부분을 다시 한번 복제하기 때문에 카피 수가 늘어나게 됩니다.

이처럼 진핵생물은 줄어든 카피를 원래 상태로 되돌려 놓는 '유전자 증폭' 능력을 얻은 덕분에 리보솜을 많이 만들 수 있게 되었고, 세포의 거대화에 성공하여 여러 기능을 가진 세포를 만들어낼 수 있게 됐습니다. 예를 들어 인간의 신경세포는 길면 1미터 이상 되는 것도 있습니다.

가장 불안정한 유전자가 수명을 결정한다?

이야기가 또 주제에서 살짝 벗어나 버렸군요. 수명 이야기로 되돌아가겠습니다. 수명을 변화시키는 것으로 유명한 나머지 두 유전자는 복제를 멈추고 재조합을 일으키는 FOB1, 그리고 비번역 전사를 억제하여 '빗나간' 재조합을 막는 SIR2입니다. FOB1이 망가지면 수명의 60%가 연장되고, 반대로 SIR2가 망가지면 수명이 절반으로 단축됩니다. 앞서 소개했던 GPR1과 더불어 이 SIR2, FOB1가 효모에서 발견된, 수명과 관련하는 3대 대표 유전자이지요.

그렇다면 이들 FOB1과 SIR2의 작용이 수명 결정 기구로서 어떠한 역할을 할까요? 한 가지는 제4장에서 인간의 조기 노화증 부분에서 이미 말했습니다만, 게놈의 안정성과 관련이 있다고 생각합니다. FOB1이 작용하지 않으면 복제가 멈추거나 DNA가 끊기지 않기 때문에 재조합이 일어나지 않고 리보솜 RNA 유전자가 '안정화'됩니다. 반대로 SIR2가 망가지면 리보솜 RNA 유전자의 카피 수가 격렬하게 변동하여 '불안정화'하게 되지요. 리보솜 RNA 유전자 이외의 게놈에는 복제 저해 배열이 없어서 이런 불안정화는 일어나지 않습니다.

그러니까 이런 이야깁니다. 인간 조기 노화증의 원인 유전자는 DNA 복구(게놈의 안정화)와 관련한 유전자였습니다. 게놈이 불안정하여 암이 생기면 곤란하니까 그 전에 증식을 멈추려고 세포의 노화 스위치를 켜서 세포의 노화를 유도합니다. 리보솜 RNA 유전자는 게놈 속에서 항상 카피 수가 늘었다 줄었다를 반복하는 가장 불안정한 영역입니다. 그래서 그곳의 안정성이 가장 먼저 나빠지기 때문에 노화 스위치를 ON 상태로 두고 있는 것으로 짐작됩니다. 즉 '메인 노화 스위치'의 역할을 하는 것이겠지요.

예를 들어, 실제로 FOB1을 대량으로 발현시켜서 리보솜 RNA 유전자의 불안정성을 늘려주면 수명이 줄어들고, SIR2를 많이 발현시켜서 리보솜 RNA 유전자를 더 안정시키면 수명이 늘어납니다.

즉, 가장 불안정한 리보솜 RNA 유전자가 게놈 전체의 안정성을 좌우하고 수명을 결정하는 것입니다. 예를 들어 설명하자면, 어느 학교의 학급에 100명의 학생이 있다고 가정합시다. 그중 90명은 성적이 뛰어나 시험만 보면 반드시 만점을 받습니다. 그러나 나머지 10명은 그럴 때도 있고 그렇지 않을 때도 있습니다. 이 경우, 반의 평균점은 그 10명에게 달려 있습니다. 이 '그럴 때도 있고 그렇지 않을 때도 있는 10명'이 바로 리보솜 RNA 유전자에 해당합니다. 참고로 효모의 리보솜 RNA 유전자는 게놈 전체의 약 10%를 점하고 있습니다.

수명을 늘리는 약의 개발

지금까지의 논의를 통해 노화와 관련된 메커니즘에 대해 알고 나니, 이 지식을 잘 활용해서 수명을 늘릴 수 있지 않을까 기대가 되네요. 실제로 그러한 연구도 활발히 이루어지고 있습니다.

사람이 아닌 모델 생물 수준의 실험 결과에서는 수명 연장 효과를 확인한 화합물 몇 가지가 이미 발견되었습니다. 과연 그것들이 사람의 수명을 연장할 수 있을지는 사람을 대상으로 하는 검증 실험이 어려우므로 아직 단언할 수는 없습니다. 그러나 부작용이 적다고 생각되는 식품 등에 함유되는 화합물이라면 영양보조제라 여기고 '믿고 먹는' 것도 괜찮지 않을까 싶습니다. 지금부터 제가 언급하는 노화 억제약에 대해서는 '아직 확실한 약효가 있는지는 모르겠지만 가능성은 있겠지'라는 정도로만 생각하고 읽어주세요.

우선 칼로리 제한과 유사한 효과를 기대할 만한 약으로서 메트포르민이 있습니다. 메트포르민은 1940년대부터 사용된 당뇨병 치료제로서 간장에서의 당 생성을 억제하고 혈당치를 낮추는 작용을 합니다.

이 약을 투여한 당뇨병 환자가 장수했다고 보고되었습니다. 모델 생물에게 써서 확인해 보니 쥐 등에서도 수명 연장 효과가 확인되었지요. 당뇨병 환자에게 오랫동안 투여

되었으므로 동물보다 인간에 대한 효과를 더 먼저 알게 된 희귀한 사례입니다. 뜻하지 않게 좋은 부작용이 있었던 것이지요.

예전부터 있었던 약이어서 이미 특허도 소멸했고 값도 쌉니다. 단, 안티에이징 약으로서 당뇨병 환자가 아닌 건강한 사람이 이용하려면 아직 안전성과 효과 확인이 더 필요합니다. 현재 시점에서 아직 조사가 진행 중인 약물입니다.

다음으로 소개할 약은 라파마이신입니다. 장기이식 후에 거절 반응을 줄이기 위해 사용되는 면역 억제제로서 암 치료제로도 사용됩니다. 영양을 감지하여 세포를 증식시키는 'TOR(토어) 경로'라는 신호 전달 경로가 있는데, 라파마이신은 그 전달과 관련된 단백질을 저해하는 작용을 합니다. 그 작용으로 인해 대사가 저하되므로 칼로리 제한과 비슷한 효과를 일으킵니다.

라파마이신을 먹이에 섞어서 준 효모, 선충, 파리에서 수명 연장 효과를 관찰할 수 있었습니다. 미국 등의 연구팀이 쥐를 써서 실험했습니다. 나이 든 쥐(인간의 약 60세에 해당)의 먹이에 라파마이신을 섞어서 먹였더니 수컷의 9%, 암컷의 14%에게서 수명 연장 효과를 확인할 수 있었습니다. 다만 라파마이신은 면역 억제 효과가 있어서 건강한 사람에게는 부작용이 나타날 가능성이 있습니다.

염증을 잡아 노화를 억제하는 방법

다음으로 게놈의 안정성 유지 기구 쪽에서 생각해 볼 수 있는 안티에이징 약을 살펴보겠습니다. 이쪽도 미래 전망이 좋아 보이는 연구가 있습니다. SIR2 유전자는 효모에서 다량으로 발현되면 리보솜 RNA 유전자의 재조합을 억제하여 안정시킴으로써 수명을 연장한다는 효과가 확인되었습니다.

SIR2 유전자는 쥐에게도 인간에게도 똑같은 유전자(호모로그 '유사' 유전자)가 존재합니다. 그 호모로그 유전자 중 하나인 SIRT6(서트 식스)를 쥐에게 대량으로 발현시키면 쥐의 수명이 15% 정도 늘어납니다. 또 Sir2 단백질은 NAD+(엔에이디 플러스)라는 조효소coenzyme를 활용합니다.

조효소는 효소의 작용을 돕는 저분자화합물인데, 그 자체만으로는 효소로서 작용하지 않지만 Sir2와 결합하면 Sir2의 효과를 높입니다.

체내에서 NAD+로 변화하기 전의 NAD+ 전구체前驅體(NMN)를 쥐에 투여한 결과, 수명 연장 효과가 나타났을 뿐만 아니라 체력이나 신장 기능의 항진, 육모 등 회춘 효과도 관찰되었습니다. 정말 대단하지 않나요? 그런데 반복해서 말씀드리지만, 이것은 어디까지나 쥐의 경우에 한정된다는 사실을 잊지 마시길.

제4장에서 노화한 동물의 조직에서는 노화한 세포가 잘 제거되지 않아서, 그것이 주변 세포에 염증을 일으키는 '독'(염증성 사이토카인)을 뿌려서 조직의 기능을 떨어뜨린다고 설명했습니다.

원래 이러한 노화 세포는 초기 단계에서 세포사(아폽토시스)를 일으킨 후에 면역세포에 의해 제거되지만, 나이를 먹어감에 따라 세포사를 유도하거나 제거하는 반응이 저하됩니다. 그래서 세포사를 유도하는 화합물이나 펩타이드는 조직의 노화 세포를 죽여서 감소시킴으로써 염증을 억제하지요. 그 결과, 노화 억제 효과가 나타납니다. 이 세포사 유도 기구를 잘 이용한 약제는 노화 세포 내에서 아포토시스를 억제하는 단백질을 저해함으로써 노화한 쥐의 조혈 능력을 회춘시키 는 효과를 냅니다.

선진국을 중심으로 고령화가 급속히 진행되고 있습니다. 거기에 더해 감염증을 포함한 수많은 질병이 고령층에서 자주 발병하거나 중증화됩니다. 그러므로 항노화제의 연구·개발은 앞으로 더욱더 활발해질 것으로 보입니다.

다른 생물에게 배우는 모방술

다소 전문적인 이야기를 계속했네요. 노화의 초기 연구나 약 개발이 인간의 수명을 늘리는 데 유효한 수단임은 분명하지만, 또 다른 방법도 있습니다. 그것은 '생물로부터 배우는' 방법이지요. 최근 주목받고 있는 바이오미메틱스 또는 바이오미미크리라고 불리는 '생물 모방 기술'이바로 그것입니다.

생물 모방 기술이 무엇인지 누구나 한 번쯤 겪어보았을 만한 사례를 들어 설명하겠습니다. 풀밭을 걷다가 도깨비풀'의 씨앗이 바지나 양말에 붙어서 '어?'하고 놀란 경험은 누구에게나 있을 텐데요. 이 '도깨비풀'은 통칭으로서 몇 가지 식물 종을 가리킵니다. 대표적인 것으로 도꼬마리가 있는데요. 이 부류 식물이 가진 가시의 뾰족한 끝에 달린 갈고리바늘 구조가 이것이 옷 같은 데에 걸리는 원인을 제공합니다. 이 갈고리바늘 구조를 본떠서 벨크로가 만들어졌지요.

또 2008년 베이징 올림픽에서 유명해진 전신 수영복(레이저 레이서)은 상어의 표피에서 볼 수 있는 리블렛riblet이라는 규칙적인 요철 구조를 모방해서 물의 저항을 최저로 낮추었습니다. 베이징 올림픽에서는 이 수영복을 입은 선수 중에서 23명이나 세계 신기록을 냈습니다(2010년부터 착용 금지). 그뿐만 아닙니다. 보는 각도에 따라 색이 변하는 나비 날개의 성질을 이용해서 지폐 위조를 막기 위한 인쇄 기술로 활용하거나, 물과 기름을 튕겨내는 달팽이 껍질의 원리를 응용하여 '더러워지지 않는 외벽재' 등도 개발되었습니다.

생물은 오랜 세월에 걸친 변화와 선택에 의해 우리의 상상을 뛰어넘는 기능을 발달시켜왔습니다. 그야말로 첨단 기술의 보물단지라 할 수 있습니다. 생물 모방 기술은 생물 다양성의 혜택을 잘 이용한 멋진 기술입니다.

벌거숭이두더지쥐가 장수할 수 있는 이유

그렇다면 바이오미메틱스를 응용하여 인간이 다른 생물로부터 장수 비결을 배울 수는 없을까요? 사람보다 더 오래 살 수 있는 생물이 별로 없어서 수명 문제에서는 다른 생물로부터 배움을 얻기는 어려울 듯하지만, 딱 하나 주목할 만한 동물이 있습니다. 바로 제3장에서 소개했던 벌거숭이두더지쥐입니다.

같은 크기의 설치류(쥐의 동류), 예컨대 생쥐의 수명이 2~3년인 것에 비해 벌거숭이두더지쥐의 수명은 무려 생쥐의 10배나 되는 30년입니다. 다양성의 폭이 굉장히 넓지요?

이를 영장류에 적용해 봅시다. 인간과 거의 같은 크기인 고릴라나 침팬지의 수명이 40~50년입니다. 만약 인간이 벌거숭이두더지쥐와 같은 수준으로 장수한다면 간단히 계산해도 고릴라나 침팬지 수명의 10배인 500년까지 늘어난다는 결론이 나옵니다. 벌거숭이두더지쥐의 장수 비결을 흉내 내서 인간의 수명을 늘릴 수는 없을까요?

벌거숭이두더지쥐의 특징에 대해서는 제3장에서 이야기했습니다. 여기서 그걸 되짚어보면서 벌거숭이두더지쥐가 가진 어떤 특징이 장수와 직결되는지 고찰해 봅시다.

우선 '진화가 생물을 만들었다'라는 관점에서 벌거숭이두더지쥐가 어떠한 선택의 결과 장수할 수 있게 됐는지 상상해 보겠습니다. 생쥐도 벌거숭이두더지쥐도 조상은 똑같은 소형 쥐였습니다. 소형 쥐의 조상 쥐는 지상과 지하 두 곳에서 살았지요. 지하는 안온한 보금자리였을지도 모릅니다. 우연한 '변화'가 일어나면서 지하에서 오래 생활할 수 있는 종이 생겨났습니다. 뱀 같은 천적으로부터 몸을 지키기 위한 '선택'도 작용했을 것입니다. 아니라면 환경 변화 때문에 지하가 더 살기 쾌적했을지도 모르지요. 지하의 구멍

속에서도 지상과 마찬가지로 변화와 선택이 일어나서 저산소 환경 속에서도 활동할 수 있는 쥐, 영양분이 적어도 살아갈 수 있는 쥐, 그리고 좁은 굴에서도 사이좋게 협력하여 살 수 있는 쥐들이 선택되었습니다. 그때 쥐의 강한 번식력, 짧은 세대교체 간격 등의 요인이 진화의 속도를 가속화 하였을 것으로 보입니다.

그리고 그 쥐들의 협력이 어느 순간 조직화하여 식량 조달, 육아, 보금자리 굴의 설계와 방어까지 아우르게 되면서 조직력이 강한 집단이 선택되게 됩니다. 최종적으로는 출산은 여왕만 하고 나머지는 분업·협력해서 집단을 유지하는 진사회성을 완성하게 된 것이지요. 나아가 저산소 환경에서 신진대사 저하, 분업에 의한 스트레스 경감 등의 요인도 벌거숭이두더지쥐가 장수하는 데 플러스로 작용했다고 추측됩니다.

장수의 요인은 그것이 전부가 아닙니다. '잡아먹혀 죽는' 유형인 일반적인 생쥐의 죽음 방식은 많이 낳고 많이 죽는 스타일입니다. 그러나 벌거숭이두더지쥐의 경우에는 천적이 적고 먹이가 제한된 굴 안에서 생활하므로 적게 낳고 오래 사는 스타일이 더 낫습니다. 그쪽이 집단과 개체의 유지를 위해 들이는 수고가 훨씬 적으니까요. 장수는 집단 내에서 젊은 개체의 비율을 낮추고, 육아에 들이는 노동력의 비율도 낮춥니다.

그리고 야생에서 사는 생물은 대개 늙은 개체의 퍼포먼스(체력)와 사망률이 젊은 개체와 크게 다르지 않습니다. 즉, 죽기 직전까지 활동하다가 건강한 상태에서 죽음을 맞이합니다. 인간 사회와는 달리 늙은 개체를 부양해야 하는 집단의 비용도 발생하지 않습니다. '구성원 전원이 활약하는' 에너지 효율이 매우 좋은 사회를 형성하고 있습니다.

인간은 벌거숭이두더지쥐가 될 수 있을까?

그렇다면 벌거숭이두더지쥐의 어떠한 점을 흉내 내어야 인간도 오래 살 수 있을까요? 우선 저산소, 저체온, 저대사 등의 생리적인 부분은 쉽게 모방하기 어렵습니다. 이 부분은 기초 연구를 통해 찬찬히 그 메커니즘을 해명하고, 그러한 생리 현상과 비슷한 효과를 만들어내는 약이나 영양제를 개발해야 할 것입니다. 예를 들어 활성산소의 발생을 억제하는 약 같은 것을 말이지요.

한편 사회적 변혁은 가능할지도 모릅니다. 이 분야에서 벌거숭이두더지쥐로부터 배울 수 있는 점이 두 가지 있습니다. 하나는 육아, 나머지는 노동 방식입니다.

우선 육아 개혁부터 살펴보지요. 벌거숭이두더지쥐들의 여왕처럼 출산에 특화된 인간을 만들 수는 없겠지만, 출산을 선택한 부부에게 사회 전체가 든든한 지원을 해줄 수는 있습니다. 예를 들어서 세 명 이상의 자녀를 낳으면 양육비는 국가가 부담하는 것이지요. 네 명 이상을 낳으면 양육비에 더해 '수당'을 지급하는 등, 아이를 많이 낳고 싶은 사람은 많이 낳을 수 있도록 하는 지원 체계를 구축하면 어떨까요. 물론 보육원을 더 많이 만들고, 보육 교사 수도 늘려서 육아의 직접적 부담도 분담하고요. 육아의 실무를 지금보다 전문가에게 더 많이 맡김으로써 부모 개인에게 가해지는 비용, 노력, 스트레스를 줄이는 거지요. 이러한 정책은 소자화의 진행도 막을 수 있을지 모릅니다.

두 번째는 노동 방식의 개혁입니다. 벌거숭이두더지쥐의 '평생 현역'을 따라 해보는 겁니다. 지금의 일본처럼 퇴직자의 연금을 젊은 세대가 부담하는 구조는 안정적인 운용이 매우 어렵습니다. 왜냐면 세대 간의 인구 균형이 언제나 알맞게 분포되어 있지는 않으니까요. 예를 들어 현재 일본과 같은 소자화, 고령화 사회에서 지금의 노동 방식과 연금 구조를 지속한다면 젊은 사람의 부담이 늘어나기만 할 뿐입니다.

그러므로 세대 간 부담의 균형을 맞추기 위해서도 나이 들어도 할 수 있는 일, 하고 싶은 일을 평생 할 수 있는 사회 구조를 만드는 건 어떨까요. 또 일부 기업에서는 이미 시작하고 있지만, 정년제도 등 노동자 인구가 계속 증가하고 있던 시대에 만들어진 제도를 고쳐서 일할 수 있는 사람, 일하고 싶은 사람은 나이를 따지지 않고 일할 수 있도록 하면 어떨까요. 잘만 하면 삶에 대한 보람도 생기고, 덕분에 건강도 좋아져서 장수가 즐거워지는 사회를 구축할 수 있을지도 모릅니다.

이처럼 노령층이 활약하는 제도를 제안하면 청년층의

일자리가 줄어드는 게 아닐까 하는 비판이 꼭 나옵니다. 그러나 지금의 일본처럼 젊은 세대의 인구가 줄어드는 상태에서는 그런 걱정은 별로 중요하지 않을 것 같습니다. 반대로 이대로 정년제를 고집하다 보면 노동 인구를 유지할 수 없고, 일손 부족이 되어 일본의 산업은 물론이고 연구, 기술 개발 등 다양한 분야에서 현상 유지가 어려워질 수도 있습니다.

지금까지 말씀드린 내용은 제가 개인적으로 생각하는 이상론이라서 현실적으로는 잘 맞지 않는 부분도 많으리라 생각합니다. 다만, 벌거숭이두더지쥐 가운데 대다수 개체는 낮잠을 잡니다. 모두가 경쟁해서 업무량을 늘리고 성과를 겨루는 사회에서 사회적 효율이 높은 여유 있는 사회로 전환한다면 사회 전체의 스트레스가 줄어들고, 결과적으로 인간의 건강수명은 늘어나지 않을까요? 여러분은 어떻게 생각하세요?

죽음은 생명의 연속성을 지탱하는 원동력

지금까지 논의를 통해 모든 생물이 공통으로 가지고 있는 '죽음'의 의미가 조금 이해되셨는지요? 생물에게 죽음은 진화 즉, '변화'와 '선택'을 실현하기 위해서 존재합니다. 생물은 '죽음'으로써 탄생하고 진화하고 살아남을 수 있었던 것이지요.

화학반응을 통해 어떤 물질이 생성되었다고 가정해 봅시다. 거기서 반응이 멈춰버린다면 그것은 그냥 하나의 덩어리에 불과합니다. 그것이 파괴되고 또다시 비슷한 것을 만들고, 다시 같은 일을 몇 번이고 반복함으로써 다양성이 생겨납니다. 마침내 스스로 복제가 가능한 덩어리가 생겨나고, 그 중에서 더 효율적으로 복제할 수 있는 것이 주류가 됩니다. 그 연장선 위에 '생물'이 있는 것입니다. 생물이 태어나는 건 우연이지만 죽는 건 필연입니다. 파괴되지 않으면 다음 단계로 나아갈 수 없습니다. 이것이 바로 이 책에서 몇 번이나 반복해서 언급한 '턴 오버'입니다.

―― 즉, 죽음은 생명의 연속성을 유지하는 원동력입니

다. 이 책에서 고찰해온 '생물은 왜 죽는가'라는 질문에 대한 답이 이것입니다.

'죽음'은 절대적으로 나쁜 존재가 아니라 모든 생물에게 있어 필요한 것입니다. 제1장서 살펴본 바와 같이 생물은 기적이 중첩됨으로써 이 지구상에 태어나고, 다양화되고, 멸종을 거듭함으로써 선택되고, 진화를 이루어 왔습니다. 그 흐름 속에서 이 세상에 우연히 태어난 우리는 그 기적과도 같은 생명을 다음 세대에 이어주기 위해 죽습니다. 그것은 생명의 끈을 다음 사람에게 넘겨주고 '이타적으로 죽는' 죽음입니다.

살아 있는 동안 자손을 남겼든 아니든 아무런 상관이 없습니다. 생물의 긴 역사를 돌아보면 자손 하나 남기지 않고 일생을 마친 생물도 수없이 많습니다. 지구 전체적으로 보면 모든 생물은 턴 오버하며, 생과 사를 반복하면서 끊임없이 진화하고 있습니다. 우리는 태어났으므로 다음 세대를 위해 죽어야 합니다.

'죽음'을 이렇게 생물학적으로 정의하고 긍정적으로 받아들일 수는 있지만, 사람은 감정의 생물입니다. 죽음은 슬

프고, 가능하다면 죽음의 공포에서 벗어나고 싶다고 생각하는 건 당연한 일입니다. 설령 우리가 벌거숭이두더지쥐의 생활을 흉내 내는 일에 멋지게 성공해서 건강수명이 늘어나고 '죽는 그 날까지 팔팔하게 살다가 순식간에 죽는 이상적인 인생'을 보낼 수 있다고 칩시다. 그러나 그래도 역시 '나'라는 존재를 잃는다는 공포는 변함없으리라 봅니다. 그렇다면 우리는 이러한 공포를 어떻게 받아들여야 할까요.

그에 대한 대답은 간단합니다. 죽음에 대한 공포에서 벗어날 방법은 없습니다. 그 공포는 인간이 '공감력'을 익히고 집단을 소중히 하며 타인과의 유대를 통해 살아남아 왔다는 증거이기 때문입니다.

인간에게 있어 '공감력'은 무엇보다 중요합니다. 여기서 말하는 공감력은 단지 '동정한다'는 뜻만이 아닙니다. 인간은 기쁨을 나누는 일, 자신의 감각을 인정받는 것에 행복감을 느낍니다. 둘이서 맛있는 요리를 먹고 "참 맛있다"라고 말하기만 해도 더욱 그 음식이 맛있게 느껴지는 것이 바로 인간입니다. 그리고 이 공감력은 인간과 인간의 '유대감'이 되어 사회 전체를 통합하는 골격이 되지요.

인간 개개인이 가진 '죽음'의 공포는 나와 '공감'으로 연결되어 언제나 나에게 행복감을 주었던 사람들과의 유대가 끊기는 데서 오는 공포입니다. 또 나 자신만이 아니라 나와 공감으로 이어져 있던 타인이 죽었을 때도 마찬가지입니다. 그리고 그 경우, 슬픔을 치유해 줄 다른 무언가가 그 상실감을 메워줄 때까지 슬픔은 계속됩니다.

인간의 미래

지금까지 생물의 죽음이 가진 의미에 대해 말씀드렸습니다. 마지막으로 인간의 미래에 대해 생각해 봅시다. 앞으로 인간이 진화할 방향성에 대해 제 개인적인 의견을 말씀드리는 것으로 이 책을 마무리하고자 합니다.

우리가 살아 있지도 않을 먼 미래는 어떻게 되든 상관없다고 생각하실 수도 있겠지만, 우리가 지금 존재하고 있는 것처럼 우리 자손들도 존재했으면 좋겠다는 생각을 전제로 상상해 보기로 합시다. 미래는 우리가 지금 어떤 선택을 하느냐에 따라 크게 변화할 테니까요.

현재 인간 사회는 집단 중시의 사고방식에서 개인을 더 중시하는 사고방식으로 전환하고 있다는 의미에서 커다란 분기점에 있습니다. 인간은 집단(사회) 속에서 진화해서 여기까지 왔습니다. 복잡한 언어, 풍부한 표정과 몸짓도 모두 소통을 위해 발달한 것이지요. 이 책에서 언급한 것처럼 '진화가 생물을 만들었다'라고 생각하면 소통을 더 잘하고 더 사회적인 개체일수록 선택되어서 더 많은 자손을 남겼습니다.

종래의 소통은 타인과 직접 대화하는 아날로그적인 소통이라서 외모나 어조, 분위기 같은 것들이 중요한 정보원이었습니다. 그런데 잘 아시다시피 현재의 주된 소통 도구는 스마트폰이나 컴퓨터와 같은 전자 매체입니다. 이런 디지털 신호 정보를 통한 소통은 단순히 정보만을 교환하는 경우가 많습니다. 이모티콘이나 그림을 아무리 많이 구사한다 해도 '마음의 소통'에는 아무래도 한계가 있을 것 같습니다.

제 지인 중에서 실제로 만나보면 온화하고 다정한 분인

데, 문자 메시지로는 제법 과격한 말도 서슴없이 던지는 사람이 있습니다. 마치 딴 사람이 메시지를 보내는 게 아닐까 의심이 들 정돕니다. 이 차이에 대해 본인에게 물어봤더니, 키보드를 칠 때는 항상 다른 인격이 나타나는 것 같다고 합니다. 물론 반대의 패턴도 있습니다. 사람에 따라서는 키보드에 국한되지 않고 자동차 핸들을 쥐면 갑자기 격한 성격이 된다거나, 외국에서 영어로 말할 때면 갑자기 성격이 밝아지는 사람도 있지요. 악기 연주나 춤도 그렇습니다. 우리는 원래 여러 가지 면을 갖고 있어서 그것이 문자 메시지나 악기와 같은 '표현 도구'에 따라 서로 다르게 겉으로 드러나게 됩니다.

일종의 아바타(분신)라고 해도 좋을지도 모르겠네요. 여러 아바타가 있는 겁니다. 디지털 커뮤니케이션의 장에서는 아바타 출현이 일상화되어 있습니다. 실제로 인터넷상에서 본명과 다른 이름, 성별, 나이로 타인과 소통하는 일이 빈번히 일어나지요. 어차피 실제로 만나는 게 아니니 무엇이든 무슨 상관이겠습니까. 실제로 SNS에서는 40% 정도의 사람이 인격을 바꾸어서 글을 쓴다는 조사 결과도 나와 있습니다.

아바타에 의한 인터넷 커뮤니케이션의 장점은 입력만 할 줄 알면 아무런 장벽 없이 누구와도 소통할 수 있다는 것입니다. 극단적인 이야기를 하자면, 아바타가 인간이 아닌 AI(인공지능)라도 가능한 일입니다. AI도 인간이 정보를 입력함으로써 인간 비슷한 존재가 될 수 있기 때문입니다. 인간의 손에 의해 창조된 인격이라는 의미에서는 AI도 아바타입니다. 더구나 인터넷은 소통뿐 아니라 정보 획득이나 업무의 도구로서 주로 활용됩니다. 아주 극단적으로 말하자면 딱히 사람과 만나지 않아도 살아갈 수 있다는 뜻이지요. 실제로 많은 사람들이 상당한 시간을 컴퓨터 앞에 앉아 업무를 하고 있습니다.

AI의 출현으로 인류의 진화 방향이 바뀐다?!

그럼 생물의 진화 이야기로 다시 돌아가 봅시다. 이 아바타도, AI 아바타도 진화의 결과 생겨난 것이 아니라 인간이 만들어낸 '인터넷 인격'입니다. 그들은 가상 공간에서 살고 있지만, 때때로 친구처럼 조언도 해주는 등 우리 생활과 삶의 방식에 영향을 끼치고 있습니다. 특히 AI는 어떤 면에서는 인간보다 훨씬 뛰어난 능력을 갖추고 있어서 영상 진단 등의 분야에서 매우 도움이 되고 있습니다. 그런데 인간의 아바타도 원래 본인과는 상당히 다른 인격이 될 가능성도 있습니다.

확장된 '인터넷 인격'의 존재는 앞으로 지구상에서 실제 인간의 진화 —— 즉, '변화와 선택'에 어떤 영향을 미칠까요?

어느 연구자는 '싱귤래리티Singularity(AI가 인간의 능력을 넘어서는 기술적인 전환기)'가 발생하여 인간 일자리의 절반 정도를 AI가 대체할 거라고 예측하고 있습니다. 이 싱귤래리티 때문에 인간이 일자리를 잃게 되어 불행해질까, 아니면 로봇의 도움을 받아서 더 행복해질까에 대해서는 그다지 활발하게 논의되고 있지는 않지만, 굳이 따져보면 불안을 부추기는 보도가 더 많은 것 같습니다. '미래에 사라질 직업'과 같은 보도가 그것입니다(그림 5-4). 현재 그 '미래에 사라

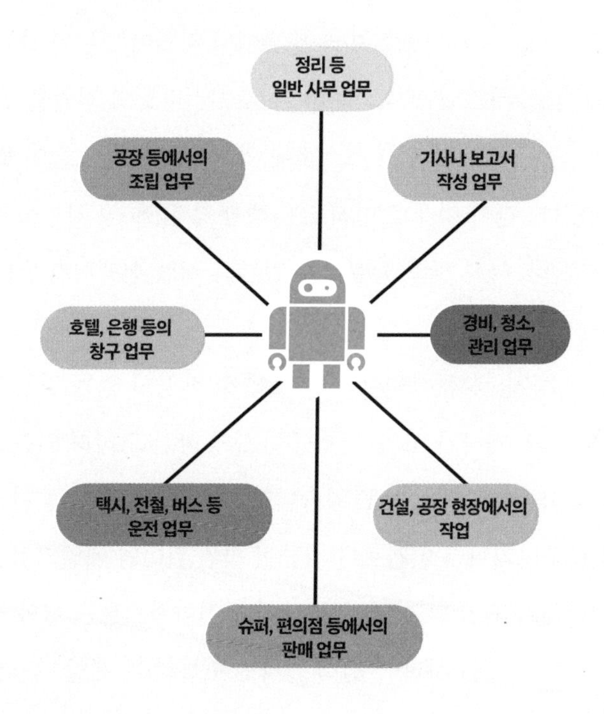

[그림 5-4] 미래에 AI가 대신하게 될 가능성이 있는 직업의 예

질 직업'에 종사하는 사람들이 이런 기사를 보면 그리 기분이 좋지는 않겠지요.

반대로 AI의 진출로 미래에 늘어날 직업이 있는가 하고 묻는다면, 시스템 엔지니어나 프로그래머 등의 직업을 들 수 있습니다. 그런데 AI 스스로에 의한 프로그램 기술이 발달하면 인간이 이제 그마저도 이해할 수 없게 될 가능성이 있습니다. 다시 말해 확실하게 인간의 직업 선택지가 줄어드는 것이지요.

이렇게 생각하면 AI 발전은 별로 장점이 없는 것처럼 보입니다. 게다가 AI와 잘 공존하지 못하면 오히려 인간이 살기 힘들어질 가능성도 있습니다. 이렇게 되면 AI는 편리한 도구라기보다 인간보다 지능이 훨씬 뛰어난 에일리언같은 존재가 되고 말 것입니다. 그리고 진화적으로는 AI와 잘 어울릴 수 있는 사람이 '선택'될지도 모릅니다. 제일 난감한 점은 AI를 어떤 이유, 예를 들어 신형 컴퓨터 바이러스 등에 의해 인간이 부려먹을 수 없게 된다면, 그때는 어떻게 손 써 볼 방도가 없게 됩니다.

죽지 않는 AI와 인간은 어떻게 공존해야 하는가?

인간이 AI와 공존하는 사회에 대해 조금만 더 생각해 봅시다. AI에게 물어보면 어떤 답이든 내줍니다만, 문제는 그 대답이 옳은지 어떤지에 대한 검증을 인간이 하기가 어렵다는 것입니다. 중요한 것은 무엇을 AI에게 의존하고, 무엇을 인간이 결정할 것인가를 확실히 구분하는 것이겠지요.

데이터를 컴퓨터에 학습시켜서 그 데이터를 기반으로 분석을 실행하는 기계인 학습 AI는 과거 사례에서 조건(가중치)에 맞는 최적의 답을 도출하므로 학습된 데이터의 질에 따라 답이 결정됩니다. 화상 진단용 AI는 의사가 미처 보지 못하고 지나친 곳이 없을까 하고 확인할 때 진단을 보조하는 도구로서 매우 도움이 됩니다. 그렇지만 AI가 과거 사례가 없는 케이스를 판단하기는 어렵습니다. 이럴 때는 '정답을 알고 있는' 의사가 판단하면 되니까 문제가 없겠지요.

그런데 기계 학습이 아니라 SF 영화에 등장하는 인간처럼 사고하는 범용형 인공지능은 어떨까요? 이것은 아직 개발 중인데 다양한 상황에서 인간의 강력한 상담 상대가 되어주리라 기대되고 있습니다. 그러나 이것은 잘못 사용하면 상당히 위험하다고 봅니다. 왜냐면 인간이 인간인 이유, 즉 '생각하는' 능력이 급격히 줄어들 가능성이 있기 때문입니다. 한 번 생각하기를 그만둔 인류는 정말로 AI에 의존하게 되어 '주체의 역전'이 일어나버립니다. 인간을 위해 만든 AI에게 인간이 종속되고 마는 겁니다.

그렇다면 그렇게 되지 않도록 하기 위해서는 어떻게 해야 할까요. 제 생각으로는 결코 '인간을 보조해주는' 역할 이상으로 AI에 의존해서는 안 된다고 봅니다. 어디까지 AI는 도구여야 하며 그걸 사용하는 주체는 현실의 인간이어야 합니다. "아니, AI가 더 현명한 판단을 내려줄 거야"라고 주장하는 이들도 있을 것입니다. 그러나 그건 시간과 장소에 따라 다릅니다. 언제나 정답을 얻을 수 있는 상황은 인간의 사고 능력을 저하시킵니다. 인간은 시행착오, 즉 실수를 통한 배움을 성장으로 여기고 그것을 '즐겨'왔습니다. 희극 콩트의 기본은 실수를 통해 웃음을 유도한다는 것입니다. 마지막에 그 실수를 깨닫는다는 것이 재미를 불러일으킵니다. 반대로 '비극'은 되돌릴 수 없는 운명에 영원히 얽매이는 데서 공포와 슬픔을 느끼는 게 아닐까요.

AI는 인간을 즐겁게 해주는 재미난 '게임'을 제공해 줄지도 모릅니다. 그러나 현실 세계에서 AI는 인간을 비극적인 방향으로 이끌 가능성이 있습니다. 그리고 무엇보다도 제가 문제로 삼는 것은 AI는 죽지 않는다는 사실입니다.

우리는 아무리 많이 공부해도 죽어서 제로 상태로 돌아갑니다. 그 때문에 문화나 문명을 계승하기 위해 교육에 시간을 들여서 차세대를 기르지요. 인간은 한 세대마다 리셋됩니다. 죽지 않는 AI는 리셋이 없이 버전 업만 무한반복할 뿐입니다.

저는 1963년에 태어났습니다만, 대학 시절(1984년)에 애플사에서 매킨토시Mac 컴퓨터가 발매되고 그 후에 윈도우즈가 탄생한 것을 체험했습니다. 플로피 디스크에 들어간 '테트리스' 게임을 실행시키고 8인치 흑백 화면을 쳐다보면서 높은 점수를 따내려고 애쓰곤 했었지요. 그 후에 이루어진 컴퓨터 게임기, 스마트폰 등의 급속한 기술 진보는 정말 놀라울 따름입니다.

저는 컴퓨터의 급성장도, 가능성도, 나약함도 모두 다

아는 '컴퓨터의 부모' 세대입니다. 그리고 컴퓨터가 자기 '부모'보다 더 똑똑해지는 것을 체감하고 있지요. 그렇기에 AI의 위험성, 그러니까 이대로 있다가는 정말 큰 일이 일어날 수 있음을 직감적으로 알고 있는 건지도 모릅니다.

그런 저도 제 자녀 세대까지는 경종을 울릴 수 있지만, 손자 세대까지 그럴 수 있을까요? 손자들에게는 태어난 순간부터 이미 인간(부모)의 능력을 훨씬 능가하는 컴퓨터가 존재하고 있습니다. 태블릿으로 읽기, 쓰기, 계산을 배우고, 사적인 감정이 개입하지 않도록 선생님 대신에 AI가 성적을 매기는 시대가 오지 않는다고 단정 지을 수 없습니다. 그런 손자 세대에는 AI의 위험성보다 신뢰성이 더 높아지는 게 당연하겠지요.

죽지 않는 AI는 우리 인간과 달리 세대를 뛰어넘어 진보를 계속합니다. 한편, 인간의 한계가 있는 수명과 능력으로는 어느새 너무나도 복잡해진 AI의 구조를 이해하는 것조차 어려워질지 모릅니다. 인류는 한 가지 능력이 변화할 때까지 최소 몇만 년이나 걸립니다. 그런 인류가 스스로 통제할 수 없는 것을 만들어버린 건 아닐까요.

인간이 인간으로 살아가기 위하여

진보한 AI는 이제 기계가 아닙니다. 인간이 인격을 부여한 '에일리언' 같은 존재입니다. 더구나 죽지도 않습니다. 우리가 점점 더 이해할 수 없는 존재가 될 가능성이 있습니다.

죽지 않는 인격과 공존하는 일은 어려운 일입니다. 예를 들어, 근처에 죽지 않는 인간이 있으면 어떨까 상상해 보세요. 그 사람과는 가치관도 인생의 희비애락도 공유할 수 없을 것입니다. 고도로 발달한 AI란 바로 그런 존재일지도 모릅니다.

어쩌면 많은 지혜를 쌓아 항상 합리적인 답만을 도출하는 AI에게 인간이 종속될 가능성이 있습니다. 우리는 우리보다 훨씬 짧은 수명을 가진 곤충 같은 생물을 보고 느꼈던 어떤 '우월감'과는 반대의 감정을 AI에게서 느낄지도 모릅니다. 'AI는 정말 위대하구나' 같은 느낌 말이지요.

인간에게는 수명이 있고 언젠가 죽습니다. 그리고 인간은 세대를 거쳐 천천히 변화하는 과정을 항상 주체적으로 반복해 왔고, 앞으로도 그렇게 함으로써 계속 존재할 수 있습니다. 역설적으로 AI라는 존재가 인간을 다시 돌아볼 좋은 기회를 제공해 줄지도 모릅니다. 살아 있는 것은 모두 유한한 생명을 갖고 있기에 '살아갈 가치'를 공유할 수 있습니다.

마찬가지로 인간에게 영향을 끼치고 계속 존재하는 것으로서 종교가 있습니다. 원래 종교를 시작한 창시자는 이미 죽었지만, 그 가르침은 지금까지 살아남았을 수 있습니다. 그런 의미에서는 그 창시자는 죽은 게 아닙니다.

인간은 병도 걸리고 나이를 먹으면 늙습니다. 가끔 마음이 약해질 때도 있지요. 그럴 때 죽지 않는, 더구나 많은 사람들이 믿는 절대적인 것에 기대려는 마음은 어느 정도 이해할 수 있습니다. 어쩌면 AI도 미래에 종교와 똑같이 인류에게 커다란 영향력을 미치는 존재가 될지도 모릅니다.

잘못된 종교적 믿음이 전쟁이나 테러로까지 이어질 수 있음은 역사를 통해 잘 알려져 있습니다. 다만 종교의 좋은 점은 개인이 스스로의 가치관으로 평가할 수 있다는 것입니다. 그걸 믿을지 말지 판단은 자신이 정하는 것이지요. 그에 비해 AI는 어떤 의미에서 보자면 인간보다도 합리적인 답을 내놓도록 프로그램되어 있습니다. 다만 사람은 AI가 그 결론에 이르게 된 과정을 이해할 수 없기 때문에 AI가 내린 답을 평가하기가 어렵습니다. 따라서 'AI가 그렇다고 말하니까 그렇게 합시다'라는 결론으로 빠질 수 있습니다. 아무 생각도 하지 않고 그저 복종만 할지도 모릅니다.

그렇다면 인간이 AI에 너무 의존하지 않고 인간답게 시행착오를 거듭하면서 즐겁게 살아가려면 어떻게 해야 좋을까요?

그 대답은 우리 자신에게 있을 것입니다. 즉 우리 '사람'이란 어떤 존재인가, 인간이 사람인 이유를 제대로 이해하는 것이 그 해결책이 될 것입니다.

사람을 진정한 의미에서 이해한 인간이 만든 AI는 인간에게 도움이 되는, 더불어 살아갈 수 있는 AI가 될지도 모릅니다. 그리고 정말로 뛰어난 AI는 우리보다도 인간을 더 잘 이해할 수 있을지도 모릅니다. 자, 만약 그렇게 되었을 때 그 정말로 뛰어난 AI는 대체 어떤 답을 내놓을까요? ―어쩌면 AI는 스스로를 죽일(파괴할)지도 모릅니다. 인간의 존재를 지키기 위해서.

마치며

'마치며'를 쓸 무렵(2021년 1월), 세계 곳곳에서는 신종 코로나바이러스가 맹위를 떨쳤습니다. 인간이 얼마나 무력하고 나약한 존재인지 깨닫게 된 역사에 남을 큰 사건이었지요.

살아 있는 존재는 뒤집어보면 '죽는 존재'입니다. 지성을 가진 인류는 자기들이 특별한 존재라고 생각하지만, 지구 생물의 38억 년 긴 역사 속에서 인류가 번성한 기간은 매우 짧고 인생은 순식간에 지나갑니다. 이는 다른 생물도 별반 차이가 없습니다. 죽음은 모든 생물에게 평등하게 찾아옵니다. 그것은 모든 생물이 지구에서 태어나 진화하였고, 똑같은 DNA의 기원을 가진 동포라는 증거이기도 합니다. 죽음은 소중한 일입니다. 죽음과 함께 다양성을 가진 생물들이 끊임없이 탄생하기 때문입니다. 죽음은 생물의 다양성을 위해서 필요한 일입니다. 생물은 우연히 이기적으로 태어나서 공공적으로 죽습니다.

삶과 죽음, 변화와 선택이 거듭된 결과로서 인간이 이 지구에 등장할 수 있었습니다. 죽음 덕택에 진화하고 존재할 수 있었던 것이지요. 죽음은 현재 살아 있는 것들의 시각에서 보면 살아온 '결과'이자 '끝'이지만, 긴 생명의 역사를 통해 보면 살아 있다는 것, 존재한다는 것의 '원인'이며 새로운 변화의 '시작'이기도 합니다. 그리고 가장 중요한 것은 그 생과 사가 거듭되는 무대인 지구를 스스로 파괴하지 않도록 지켜나가는 일입니다. 그렇게 하면 생물은 또 모습을 바꾸어서 재생할 수 있으니까요.

다양성을 소중히 하고, 변화를 즐기며, 실수하고 반성하며, 타인과 공감하고, 웃고 울면서 인생을 보낼 수 있다면 얼마나 좋을까요.

이 책을 집필할 기회와 많은 조언을 주신 고단샤 학예부의 시노키 가즈히사 씨, 이에다 유미코 씨에게 감사드립니다.

옮긴이 | 김진아

서울여자대학교에서 경영학과 영어영문학을 전공했다. 출판사에서 편집자로 근무했으며, 현재 일본어 전문 번역가이자 프리랜서 편집자로 활동 중이다. 저서로는 『스크린 일본어 회화: 어그레시브 레츠코』 표현 해설, 옮긴 도서로는 『한밤의 미스터리 키친』, 『코로나와 잠수복』, 『가모가와 식당』, 『BEATLESS』, 『1%의 마법』, 『어쩌다 커피 생활자』, 『터부』, 『왜 자꾸 죽고 싶다고 하세요, 할아버지』, 『기적의 메모술』, 『나는 고양이지만 나쓰메 씨를 찾고 있습니다』, 『안토니오 가우디』, 『바(BAR) 레몬하트』 등이 있다.

생물은 왜 죽는가

초판 1쇄 발행 2022년 10월 12일
초판 2쇄 발행 2022년 11월 12일

지은이 고바야시 다케히코
옮긴이 김진아
펴낸이 반기훈
기획 김무곤
편집 반기훈

펴낸곳 ㈜허클베리미디어
출판등록 2018년 8월 1일 제 2018-000232호
주소 06300 서울시 강남구 남부순환로378길 36 의산빌딩 4층
전화 02-704-0801
홈페이지 www.huckleberrybooks.com
이메일 hbrrmedia@gmail.com

ISBN 978-11-90933-19-3 03470

Printed in Korea.